纺织服装类"十四五"部委级规划教材

服装设计基础
BASICS FOR FASHION DESIGN 第四版

王悦 张鹏 编著

东华大学出版社·上海

图书在版编目（CIP）数据

服装设计基础 / 王悦, 张鹏编著 . -- 4 版 . -- 上海：东华大学出版社, 2024.3

ISBN 978-7-5669-2334-9

Ⅰ. ①服… Ⅱ. ①王… ②张… Ⅲ. ①服装设计 Ⅳ. ① TS941.2

中国国家版本馆 CIP 数据核字 (2024) 第 013850 号

责任编辑　谢　未
版式设计　赵　燕
封面设计　Ivy 哈哈

服装设计基础（第四版）
FUZHUANG SHEJI JICHU

编　著：王　悦　张　鹏
出　版：东华大学出版社
（上海市延安西路 1882 号　邮政编码：200051）
出版社网址：dhupress.dhu.edu.cn
出版社邮箱：dhupress@dhu.edu.cn
营销中心：021-62193056　62373056　62379558
印　刷：上海盛通时代印刷有限公司
开　本：889mm×1194mm　1/16
印　张：10.25
字　数：250 千字
版　次：2024 年 3 月第 4 版
印　次：2024 年 3 月第 1 次印刷
书　号：ISBN 978-7-5669-2334-9
定　价：69.00 元

前 言

服装设计是以服装为载体，运用恰当的设计语言，通过一定的思维形式、美学规律和设计程序，将设计师的思想、个性与品牌概念、设计主题、时尚流行融合在一起，最终以物化的形式完成对整个着装状态的创作过程。作为现代设计的一个门类，服装设计需要综合考虑和分析消费者的不同需求，在赋予服装艺术与商业价值的同时，体现功能与审美的统一。

服装设计基础教学旨在培养学生对服装设计全面认识的同时，达到启发学生的创造性思维，提高设计能力和艺术鉴赏能力的目的。本教材的编写注重理论联系实际，针对服装设计专业教学和实践的需要，着重于对当代服装设计基础理论和设计实践方面的阐述。教材通过本学科领域最新研究成果及其应用案例分析，系统讲解了从设计定位、主题调研到最终产品商业推广的整体设计流程，其中包括服装市场定位、服装调研与设计、服装设计元素、服装结构与工艺设计、设计表达、产品系列拓展等重点领域，综述了成为一名服装设计师所必备的理论知识和专业技能。教材要求学生在设计实践过程中，既要学习掌握有关服装设计的系统理论，还要注重提高实际操作能力和综合运用能力，从而掌握一套建立在深入了解消费群体实际需求和熟悉服装运作程序之上的设计方法。

《服装设计基础》（第四版）是在第三版的基础上修订而成的。新版教材增加了三个板块的内容：第一板块，在第三章增补以中国元素拓展设计的内容，从中国传统的纺、染、织、绣技艺，到当代国际设计思潮和成功的设计案例，让学生感受到民族服饰文化博大精深，传承民族文化的多样性，理解传统工艺融入当代设计的方法与途径，在提升实践和创新能力的同时，树立正确的设计价值观；第二板块，在第五章增补数字时尚设计下相关设计软件的学习内容，包括人工智能生成内容（AIGC）在时尚设计领域的主流工具 Midjourney、Stable Diffusion 等软件的使用方法，以及服装在数字化虚拟软件 CLO3D 中的制作案例，探索数字技术与服装产业的深度融合；第三板块，原第六章调整为时尚未来，本章节是对教材教学内容的延展和补充，为学生的课外学习和专业实践提供可持续使用的信息资源，在原有基础上针对绿色时尚、生态时尚、文化时尚、健康时尚、数字时尚、时尚从业者等领域结合案例分析展开论述，鼓励学生建立自身独特的设计语言，培养学生创新意识与跨学科探索能力，加深对设计所承担的社会责任的理解。

本书的编写结合了作者多年的服装设计专业教学经验，希望本书能够引导读者从服装设计的基础理论和基本方法入手，逐步深入到设计实践中去，为开启具有创新性和创造力的设计之旅打下坚实的基础。书中选取了近年来清华大学美术学院和北京工业大学艺术设计学院服装设计专业学生的部分优秀作品和课程作业作为实例说明，在此向提供作品的同学们表示感谢。对于书中存在的问题和不足之处，恳请大家批评指正。

编著者
2024 年 1 月

目录 CONTENTS

第 1 章
服装与服装设计师

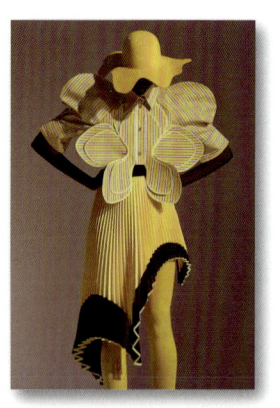

第 2 章
服装市场定位

第 1 章　服装与服装设计师 / 7
一、服装与时装 / 7
（一）服装 / 7
（二）时装 / 8
二、服装的特征 / 8
（一）功能性 / 8
（二）艺术性 / 8
（三）标识性 / 9
三、服装设计 / 10
四、流行与时尚 / 10
（一）时尚 / 10
（二）流行 / 11
（三）流行趋势与时尚预测 / 12
五、服装设计师的职业特征 / 13
（一）职业素质 / 13
（二）工作任务 / 13

第 2 章　服装市场定位 / 14
一、品牌定位 / 14
（一）高级时装 / 14
（二）高级成衣 / 16
（三）副线品牌与设计师品牌 / 16
（四）大众成衣 / 18
二、风格定位 / 18
三、服装产品定位 / 20
（一）服装产品分类 / 20
1. 女装 / 20
2. 男装 / 21
3. 童装 / 21
（二）服装产品类型 / 22

1. 创意装 / 22
2. 休闲装 / 22
3. 运动装 / 23
4. 职业装 / 24
5. 礼服 / 24
6. 内衣 / 25
（三）服装产品品类 / 26
1. 牛仔服装 / 26
2. 毛皮服装 / 27
3. 针织服装 / 28
4. 饰品 / 29

第 3 章　服装设计方法与程序 / 30
一、设计调研 / 30
二、设计主题 / 34
三、设计灵感 / 38
四、设计方法 / 41
（一）设计美学 / 41
1. 反复与交替 / 41
2. 旋律 / 42
3. 渐变 / 42
4. 比例 / 43
5. 平衡 / 44
6. 对比 / 44
7. 调和 / 45
8. 强调 / 45
9. 统一 / 45
（二）设计思维 / 46
1. 正向设计思维 / 46
2. 变异设计思维 / 47

第 3 章
服装设计方法与程序

第 4 章
服装产品开发与推广

3. 发散设计思维 / 48

4. 无理设计思维 / 49

五、设计要素 / 50

（一）造型 / 50

1. 基本廓型 / 50

2. 局部造型 / 53

3. 服装品类造型 / 61

（二）色彩与图案 / 62

1. 色彩设计 / 62

2. 图案设计 / 69

（三）材料 / 74

1. 纤维 / 74

2. 纱线 / 76

3. 织物的组织结构 / 77

4. 织物的表面设计 / 80

（四）服装结构与工艺 / 88

1. 工具和设备 / 88

2. 结构设计 / 90

3. 工艺设计 / 93

4. 纸样设计 / 96

5. 坯布样衣 / 99

6. 修版 / 99

7. 样品工艺单与样衣生产 / 99

六、中国元素拓展设计 / 100

（一）传统纤维 / 100

（二）传统纺织服装工艺 / 100

1. 纺 / 100

2. 染 / 101

3. 织 / 103

4. 绣 / 104

（三）传统色彩 / 106

（四）传统服饰结构 / 106

（五）民族服饰 / 106

（六）传统元素当代设计应用案例 / 110

1. 传统色彩的设计应用 / 110

2. 传统造型的设计应用 / 111

3. 传统编结工艺的设计应用 / 112

4. 传统泥染工艺的设计应用 / 113

5. 传统纹样的设计应用 / 114

6. 传统文化元素的设计应用 / 115

第 4 章　服装产品开发与推广 / 116

一、服装产品设计开发 / 116

（一）服装产品开发流程 / 116

1. 确定服装产品风格 / 116

2. 服装产品调研与定位 / 116

3. 制定产品企划方案 / 116

4. 设计方案及样衣试制 / 116

5. 产品推向市场 / 117

（二）产品开发周期 / 118

（三）系列产品组合 / 118

1. 服装产品组合 / 118

2. 服装品类组合 / 119

（四）服装系列设计 / 121

二、服装产品设计展示设计 / 123

（一）动态展示 / 123

（二）商业展示会 / 123

（三）系列产品展示册 / 124

三、产品设计推广 / 125

（一）品牌化 / 125

第 5 章 服装设计表达

第 6 章 时尚未来

（二）产品推广 / 126

1. 产品陈列 / 126
2. 产品包装 / 127
3. 产品广告 / 127

第 5 章 服装设计表达 / 128

一、服装人体的特点 / 130

二、服装绘画的表现形式 / 131

（一）服装草图 / 131

（二）服装效果图 / 132

（三）服装款式图 / 133

1. 款式图的结构和比例 / 133
2. 款式图的表现方法 / 133

（四）服装插画 / 135

三、服装绘画表现风格 / 136

（一）写实风格 / 136

（二）速写风格 / 136

（三）动漫风格 / 137

（四）装饰风格 / 137

四、服装绘画表现手法 / 138

（一）手绘表现 / 138

1. 线描表现技法 / 138
2. 色彩表现技法 / 138

（二）计算机辅助表现 / 140

1. 平面制图 / 140
2. 人工智能生成内容（AIGC）制图 / 141
3. 三维虚拟制图 / 143

第六章 时尚未来 / 145

一、可持续时尚 / 145

（一）绿色时尚 / 145

1. 原材料选择的低污染 / 145
2. 设计制造过程的浪费减量 / 146
3. 废旧纺织品的回收利用 / 147

（二）生态时尚 / 147

（三）服务与共享时尚 / 148

（四）健康时尚 / 149

（五）文化时尚 / 150

（六）数字时尚 / 152

1. 智能服饰 / 152
2. 数字技术辅助时尚设计 / 153
3. 数字展示和营销 / 153

二、时尚从业者 / 154

（一）服装陈列师 / 154

（二）时尚造型师 / 155

（三）时装摄影师 / 156

（四）时尚买手 / 156

（五）首饰设计师 / 157

（六）时尚编辑 / 158

（七）时尚博主与时尚 KOL / 159

附 录 / 160

一、相关的服装网站 / 160

（一）国际时装周网址 / 160

（二）相关的时尚网站 / 160

（三）趋势预测网址 / 160

二、服装术语 / 160

参考文献 / 162

第 1 章　服装与服装设计师

在人类文明的进程中，服装作为各个历史时期政治、经济、文化的产物，从古埃及、古罗马人简单的围裹式服装到今天丰富多样的服饰品类，已经跨越了几千年的历史。服装不再是遮体避寒的简单生活资料，而成为社会物质文明和精神文明的结合体。服装在不断进步和发展的过程中，逐渐显现出物品、产品、商品、艺术品的综合特征，服装设计同时也成为现代设计中的一个门类，其核心是通过对服装造型、色彩、面料、工艺等方面的创造，实现消费者对穿戴场合的多样化需求。在这一过程中，服装设计既要符合人们对服装功能性的需求，又要满足人们的审美需要，同时还要考虑到经济因素。服装设计师作为服装设计的主导和灵魂，需要具备全面的专业素质，在设计中综合思考和分析消费者的不同需求，赋予服装艺术与商业价值，体现功能与审美的统一。

一、服装与时装

（一）服 装

服装一词在我们的生活中被广泛应用。它的涵义可以从两方面来理解。狭义上的服装指的是一种单纯的物质，即衣服，是指遮盖人体的染织物，通常包括人的上体和下体所穿衣服的总和，衣服所呈现的是一种纯粹的"物质"美（图1.1）。广义上的服装指一种状态，是衣服、衣裳的现代称谓，是指人和衣服的统称，是对人在着装后状态的描述。进一步讲，服装是人在一定空间和环境中的形象，任何一类服装都会受到人、衣服和穿着方式这三个因素的限制。在不同空间和环境的变化中，只有这三个因素统一协调地联系在一起，才能创造出和谐的"状态美"。在达到"状态美"的同时，服装还需要衣服以外的配件相陪衬，由此引出服饰的概念。狭义上讲，服饰是用来搭配衣服的配件，如鞋子、帽子、腰带、手套、包袋、首饰等。广义上讲，服饰是指人装扮自身的行为。在协调、补充"状态美"上，服装和服饰被紧密地结合在一起（图1.2）。

1

2

图 1.1　服装呈现出的物质美
图 1.2　在协调、补充"状态美"上，服装和服饰被紧密地结合在一起，菲拉格慕（Ferragamo）2023 春季系列

图1.3 迪奥（Dior）先生1947年推出的"新样式"，这种以细腰大裙为重点的造型，突出和强调了女性的柔美，并引领了此后10年的世界流行
图1.4 服装的功能性——骑行服设计

（二）时装

时装是指在一定时空内广泛引起社会共鸣并能形成穿着潮流的服装，是最富于现代感的、时尚的服装。它的最基本作用就是季复一季地向消费者传递最流行的风尚与信息。时装的涵义具有时空背景的界定范围，并非特指现代服装，每一个历史时期内所产生的最新的服装、相对于那个历史时期内相对定型的常规服装而言变化较为明显的新颖服装，都可以称为时装（图1.3）。

二、服装的特征

（一）功能性

服装的功能性是指服装在实际使用过程中的实用功能。服装起源于实用，为了适应在不同的季节和气候下生存，服装用来维持人体的正常体温；为了防止外界的伤害，需要服装来保护身体。可见，服装的实用功能是服装的基本功能，基于人的生理需求而存在。服装发展到今天，除了遮身蔽体、防寒保暖功能外，还可以满足很多实用性和保护性的要求，如受环境因素制约而设计的防风服、防雨服、防暑服、防寒服；为抵御外界媒质危害而研发的防辐射服、防尘服、防火服、防弹服等。另外，随着人们消费观念的改变，服装的舒适、功能、易于打理等特性都成为消费者购买的因素，很多健身服和运动服这些原本的功能性服装已经占据休闲市场，并且成为表现健康和年轻活力的时装。近些年，服装结构如何适应人体特征、服装功能性材料的开发与使用、如何满足消费者的着装需求等，都成为服装设计领域不断深入研究的课题（图1.4）。

（二）艺术性

服装的艺术性指服装通过设计语言传达给着装者和观赏者以美的视觉感受。服装设计生产的过程，也就是设计师和生产者对潜在的着装者进行艺术表达和寻求审美认同的过程。不同色彩、造型、风格和具有不同文化内涵的服饰可以突出着装者的魅力，使人们获得不同的审美体验。同时，服装作为时代的产物，总是展示出一

图1.5 服装的艺术性——里克·欧文斯（Rick Owens）2017春夏系列
图1.6 中山装作为一个时代的代表服装，承载着中国传统的文化和礼仪
图1.7 穿镶边托加的元老们——电视剧《罗马》剧照
图1.8 朋克风格服装，R13品牌，春游系列

个时代的审美观和审美意识，从春秋战国的宽衣博带到清朝的长袍马褂再到中山装的取而代之，直到今天的服装变革，无不体现着与各个时代相对应的服装审美。不论是在不同的历史发展阶段，还是在同一个时期不同地域的审美差异性的普遍存在，都不会影响人们对服装审美功能的追求，是否被所在群体认同，是否能给人以美的享受，是衡量服装设计作品成功与否的重要标准（图1.5、图1.6）。

（三）标识性

服装的标识性是指通过服装所传达出来的象征意义。人类是社会群体，服装也具有了强烈的社会文化性。在古代，罗马人最先明确地在服装上表现阶级差别，以"托加"的颜色和使用的装饰来象征人的社会等级和阶级地位（图1.7）；中国明清时期的补服制度，在官服上缝缀40~50cm的绸料，上面织绣有不同的纹样，文官绣禽、武官绣兽，各分九等，这些都作为时代的符号，体现了服装特有的认知功能。在现代社会，服装作为视觉的艺术，以强烈、可视的交流语言，透过一个人的穿着可以将其身份、兴趣、品位、修养、所属群体等隐形特征显现出来。例如，各种职业制服可以使穿着者在社会群体中脱颖而出；从破烂的服装、军队制服、马靴、骷髅饰件、怪异的发型等典型的着装中，能够清楚地分辨出属于朋克一族的年轻人（图1.8）。

三、服装设计

服装设计作为一门综合性的艺术,既具有实用的特性,又有其特有的设计与艺术属性,这是通过一定的思维形式、美学规律和设计程序,运用造型组合、色彩搭配、材料对比等多种手法将设计师的个性、思想、情感与品牌概念、设计主题、时尚流行交融在一起,并淋漓尽致地以物化的形式表现出来的过程。

从设计的角度看,造型、色彩、材料、工艺是服装设计必须要考虑的四个要素。人们在观察物体时,色彩是首先映入观察者眼帘的,其次才是服装的造型、材料和工艺,色彩在服装设计要素中居于首要位置;服装设计"以人为本",造型是根据人体特征和活动需要进行的形态塑造,所有设计要素都是围绕造型来完成的;服装的材料是服装物化过程中必不可少的前提,色彩通过设计材料体现出来,造型也只有依靠材料才能实现;服装设计最终要以成衣的形式表现出来,工艺是服装实物化过程中的重要手段,为了达到服装整体设计的最佳效果,服装的工艺设计不仅要和具体的造型结构、材料质感紧密联系,还要和相应的工艺工序相结合。在服装设计中各种要素之间相互影响,相互制约构成了服装的整体。另外,服装作为与人们生活休戚相关的物品,设计的主体对象是人,因此在以不同的人作为设计主体时,服装除了需要体现要素间的整体美之外,还受到人的外形特征、内在心理等因素的制约,这也是服装设计不同于其他设计的特殊性所在。

四、流行与时尚

(一)时尚

时尚作为现代生活中最常被提及的词汇,频繁地出现在各种报刊和媒体上,追求时尚对大众来说似乎已蔚然成风。时尚一词英文为"fashion",其核心含义是指:当时的风尚。时尚展现了在一定的时代和社会背景下,被推崇的生活方式、行为模式以及文化理念。它由思想意识起步、以各种物质形式表达,涉及与时代大众生活相关的衣、食、住、行等各个方面。其中,服装方面所体现出来的时尚现象是最浅表和直观的,也最容易捕捉。服装的时尚表现在服饰行为上的差异,即少数具有前卫思想的人追求服饰上的与众不同,借以标榜自己的独特个性(图1.9、图1.10)。

图1.9 香奈儿(Chanel)的经典套装,1962年
图1.10 吸烟装,圣·洛朗(Yves Saint Laurent)曾说过,在他的作品中,最大的外在影响来自男装,比如吸烟衫、连身裤和长裤套装。1966年,他推出了世界上第一款女式燕尾服,成为时装业的一个里程碑

9

10

（二）流行

　　服装的流行是大众化了的时尚，是指服装的文化倾向，通过具体服装款式的普及、风行一时而形成潮流。服装的流行具体表现在它的造型、色彩、面料、工艺、图案等方面，以及由此形成的不同着装风格。服装的流行受到社会经济政治环境、时代观念的更替、大众追求新奇刺激心理的趋势或从众心理等因素的影响，具有明显的时间性和周期性，而且随着时间的推移而变化，一般经历萌芽、成熟和衰退的过程，有些流行退出流行舞台后，又重复出现在流行中或以新的形式复活（图1.11～图1.14）。

图1.11　杰奎琳·肯尼迪（Jacqueline Kennedy）在20世纪60年代以简洁高雅的着装风格成功地倡导了美国的流行时尚

图1.12　20世纪60年代风格服装，摄影师：格雷格·卡德尔（Greg Kadel），2005年

图1.13　伊夫·圣洛朗（Yves Saint Laurent）在1968年推出的狩猎装成为很多时装设计师模仿的典范。这张图片拍摄于1972年，伊夫·圣洛朗（中）、模特贝蒂·卡洛克斯（Betty Calroux）（左）与露露·德拉·伐来塞（Loulou de la Falaise）（右）在他伦敦的专卖店"Rive Gauche"门前合影

图1.14　20世纪80年代波姬·小丝（Brooke Shields）为CK牛仔服装拍摄的广告

(三)流行趋势与时尚预测

时尚与流行总是在不断地发生着变化,在每一个新的季节,人们都寄希望于服装设计师能对时尚的轮回进行重新改造,时尚业已经成为具有巨大商业价值的产业。来自世界各地的服装大师们纷纷在时尚国际舞台上大显身手,以异想天开的个性设计,给大众带来风格各异的流行产品的同时,也创造了巨大的商业价值。

在服装产业中,服装的流行由专门的流行预测机构发布,如流行研究中心、服装行业协会、流行分析专家等,他们对未来与服装相关的各种信息进行预测,包括色彩、款式、面料、印花、细节以及服饰品等的流行趋势信息。一般的预测机构每年或每季都会出版报告、杂志或各种资料,预测未来 18 个月至未来两年的时尚信息。流行趋势的预测与发布的目的在于更加有序地组织服装业的生产开发,引导服装消费。成衣和纱线博览会则以法国巴黎第一视觉博览会、意大利米兰流行面料博览会、德国杜塞尔多夫的依格多成衣博览会、法国巴黎成衣博览会等最为著名(图 1.15~ 图 1.17)。

服装流行信息的发布往往只代表一种主导倾向,并不是一成不变的,更不具有严格的约束性,如果服装的设计全部采用相同的流行趋势,就会造成市场的高度相似而失去风格与个性。当下,围绕绿色、健康、科技的可持续时尚已经成为时尚界、行业界新的风向标。一方面设计师所关注的核心问题从设计的外表美观转向综合考虑自然资源、生态环境、消费需求等因素,通过"设计与服务"的整合创造对环境负责的绿色时尚生活;与此同时后疫情时代健康生活方式作为人们追求的新的生活目标,"为健康而设计"也成为产品与服务设计领域的热点主题;而在数字媒体和多元文化中成长的年轻消费群体,则更加注重选择以数字和虚拟技术为核心的产品体验。以上都为时尚的流行带来更多可能性。

15

16

17

图 1.15　WGSN2024 流行色彩预测
图 1.16　WGSN2024 流行图案预测
图 1.17　WGSN2024 流行趋势预测

五、服装设计师的职业特征

（一）职业素质

服装设计是一项传播美和时尚的工作，它依存于现代生产和生活方式，以人为服务对象，在服务大众的同时还必须赋予服装艺术和商业价值。在这项充满挑战性和创造性的工作中，设计师所具有的职业素质对设计成功与否具有决定性的作用。首先，作为服装设计师需要具备多领域的知识结构与技能，包括服装人体基本知识、服装绘画基本技能、服装色彩学知识、服装材料学知识、服装工艺基本知识、服装基础理论和服装史知识、电脑运用能力以及服装社会学、服装心理学和市场营销学等方面的相关常识。知识积累得越丰富，设计的底蕴就越深厚。作为设计师，还要博闻多识，从雕塑、建筑、音乐、舞蹈、文学等相关艺术门类中得到设计的启发与借鉴。其次，在商业飞速发展的现代社会，设计师能否在激烈的行业竞争中占有一席之地，除了具备全面的知识结构外，还需要具备超前的意识与个性、敏锐的洞察力和鉴赏力、良好的沟通与合作能力，以及出色的敬业精神，才能使自己的设计水平不断提高，顺应时代的潮流，创作出具有现代意识的服装作品。因此，要想成为一名服装设计师并不是一件容易的事，必须具备全面而系统的知识结构与综合能力，并为之付出辛勤的努力，才能有所成就。

（二）工作任务

服装业是以产品销售为核心的行业，产品能否为市场所接受，关系到一个企业的成功与否，而服装设计师则在企业产品开发中发挥着关键性的作用。大多数的服装企业，主要面向的都是消费者市场，作为一名服装设计师的基本任务就是要了解企业目标市场所在的社会、人文精神与变化趋势，并将其有机地融入到产品设计中去，设计出为目标市场所接受、反映社会人文变化，并且穿着美观的服装。设计师的第二个任务是保持产品风格或品牌风格的稳定性。在当今市场竞争条件下，一个好的品牌或好的营销组合是对目标市场的稳定开发，这就要求设计师能够很好地把握目标市场的需求，能在不断变化的各季服装设计中，始终保持品牌风格的稳定性，从而保证目标消费群体的稳定和最终企业销售的稳定（图1.18、图1.19）。

图1.18　亚历山大·麦昆（Alexander McQueen）准备2009秋冬女装系列发布会
图1.19　迪奥（Dior）位于法国巴黎的高级时装工作室

第 2 章　服装市场定位

当服装以产品的形式出现时，由于产品设计会随着产品类型、产品品类、市场定位以及消费群的不同而有所变化，所以在进行服装创作之前，设计师必须明确所设计和销售的究竟是一种什么类型的服装，即需要着眼于哪类目标市场进行拓展设计。

一、品牌定位

市场定位是企业对自己的产品、服务或形象的一种设计行为，以求在目标市场的心目中建立一个独立的位置。服装产品在市场上的定位基本上是以品牌定位的概念出现的。市场由各种各样的消费人群所构成，不同的消费者一定会有不同的需求。在当今市场环境中，任何一个企业都无法提供满足全部消费者需求的服装产品，这就需要企业针对服装市场消费者年龄、性别、穿着场合、时尚意识以及产品价格、品类、零售类型等变量将整个市场划分为若干个细分市场，根据各个细分市场的特征、企业自身优劣势及各个市场的竞争状况，选择一个或多个细分市场作为企业的目标市场，并在这个市场上推出一个专门的服装品牌，设计一整套由产品、价格、分销、促销组成的品牌营销策略，为本企业的产品塑造与众不同的鲜明个性，并将该形象生动地传递给消费者，求得消费者的认同，使企业品牌在这个目标市场上形成独特的竞争优势。服装产品市场定位的实质就是通过强化或放大某些产品特质，形成产品的差异化和特色化，以适应不同消费群体的需求。企业或品牌的定位是一个营销策略的起点，决定了企业与品牌的对外形象与长期营销业务的基调。

综合服装的设计特征和生产特征，根据目标消费者以及服装产品档次的不同，服装品牌的市场定位可概括为高级时装、高级成衣、二线品牌与设计师品牌、大众成衣四大类。

（一）高级时装

高级时装起源于19世纪中叶，以出生于英国的设计师查尔斯·弗雷德里克·沃斯（Charles Frederick Worth）（1825—1895）在法国创立的以上层社会贵族妇女为顾客的高级女装店及其为顾客单独设计制作的高级手工女装为代表，并由此开创了高级时装的先河。我们把为特定的高级顾客，由高级的材料、高级的设计、高级的制作工艺、高昂的价格构成并在高级场所使用的服装称为高级时装。高级时装大多是度身定制，是单量单裁单件特制的，顾客群也主要针对王室、贵族、名流、明星等，由于社会及经济地位的悬殊，高级时装面向的是很小的消费群体。高级时装在法国服装界是一个独立的行业阶层，于1868年创立高级时装店协会，1973年更名为法兰西高级时装联盟。香奈儿（Chanel）、迪奥（Dior）、纪梵希（Givenchy）等都是我们所熟知的顶级女装品牌。虽然由于高级时装的高昂生产成本以及成衣业的迅速发展，造成高级时装消费者数量的急剧减少，但是高级时装市场仍是目前世界上最高端、最具专业水平的服装市场。高级女装中很多具有独特性和创新性的超前创意和细节设计都被应用在高级成衣的制作中，并对未来时尚的走向起到重要的指导作用，同时，它所赋予设计师的"尽善尽美"的精神在现代服装设计中的意义也显得越来越重要。每年一月份和七月份举办针对春夏季和秋冬季的两次高级时装发布会，都会吸引世界各地的高级顾客、服装设计师、时装记者、高级成衣制造商云集巴黎，从中寻找设计灵感、捕捉流行信息、感受最时尚的魅力（图2.1~图2.4）。

1

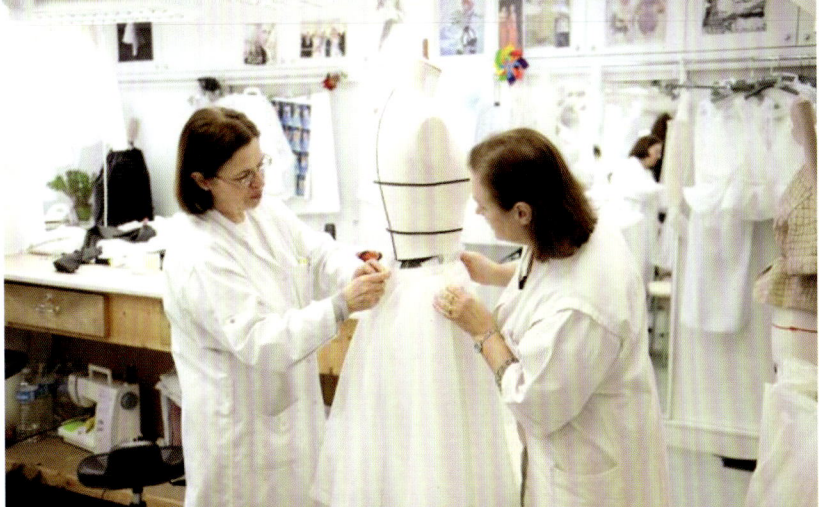

图2.1 克里斯汀·迪奥（Christian Dior）高级时装工作室，1950年

图2.2 2007年，高级时装系列作品（包括1948—1956年期间的26本手稿册约3400张设计手稿，以及部分服装原作）在美国以255万欧元售出

图2.3 时装摄影师帕特里克·德马舍利耶（Patrick Demarchelier）2011年为迪奥（Dior）品牌拍摄的高级时装作品

图2.4 克里斯汀·迪奥（Christian Dior）高级时装工作室

5

6

7

（二）高级成衣

高级成衣介于成衣和高级时装之间，是指服装设计师运用高级时装的设计和制作技术，以中产阶级为消费对象所生产的制作精良、风格独特的小批量高档成衣。高级成衣本是高级时装的副业，到20世纪60年代，由于人们消费观念的转变，高级成衣业逐渐摆脱了高级时装，并蓬勃发展起来，它不如高级时装奢华昂贵，却比普通的成衣具有独特的个性和品位，融合了高级时装的艺术创造性和成衣的批量生产性，但仍属于奢侈品。古弛（Gucci）、普拉达（Prada）、思琳（CELINE）等品牌都是高级成衣中的佼佼者。法国高级成衣协会是高级成衣业在20世纪60年代初成立的组织，并于每年的三月和十月举办针对秋冬季和春夏季两次高级成衣作品发布会，巴黎、纽约、米兰、伦敦四大时装周，就是高级成衣发布和进行交易的活动盛会（图2.5~图2.7）。

（三）副线品牌与设计师品牌

副线品牌多指作为顶尖品牌的附属系列推出的品牌。副线品牌一方面保持了一线品牌的设计风格并降低了销售成本，具有性价比高的优势，另一方面相对于一线品牌，副线品牌的设计更加灵活，设计师可以大胆地尝试多种风格，天马行空地实现自己的时装梦。如普拉达（Prada）与缪缪（MiuMiu）、蔻依（Chloé）与See by Chloé，其主线品牌大都在裁剪、材料上下工夫，而副线品牌却以面料质感、印花、水洗工艺等多元化特色，为年轻的前卫消费者提供最潮流和醒目的设计。因此，这些副线品牌在赢得很多年轻消费者关注的同时，更成为一种新的名牌消费品（图2.8、图2.9）。

设计师品牌多以创立时的设计师姓名为品牌名，由知名设计师领衔经营，强调设计师的声望。与现代型的服饰品牌企业不同，设计师品牌既是一个古老而传统的经营模式，又是一种更加体现时尚与个性的设计途径。非设计师品牌的设计师是为品牌定位服务的，让品牌的市场占有率更高，设计师品牌则以设计师强烈的风格为主导，坚持、挖掘品牌更多的文化特

图2.5 高级成衣——华伦天奴（Valentino）2023春夏系列
图2.6 高级成衣——古弛（GUCCI）2022秋冬 APRES SKI 系列
图2.7 高级成衣——博伯利（Burberry）2022秋冬系列

8

9

征和形式美感。从整个世界范围看,设计师品牌的规模都不大,这是因为设计师品牌的个性强,艺术品位独特,现代人追求个性,而具有相同个性的人群又很小,与大众品牌相比,设计师品牌属于小众品牌。很多著名设计师在时装界都扮演着双重的角色,一方面担任知名品牌的设计总监,另一方面也同时经营着自己的同名设计师品牌(图2.10、图2.11)。

图 2.8 副线品牌——普拉达(Prada)的副线品牌缪缪(MIUMIU)2023 春夏系列
图 2.9 副线品牌——蔻依(Chloé)的副线品牌 See by Chloé 2020 春夏系列
图 2.10 设计师品牌——罗伯特·云(Robert Wun)2020 秋冬系列
图 2.11 设计师品牌——山本耀司(Yohji Yamamoto)2024 春夏系列

10

11

图2.12 2004年卡尔·菲尔德（Karl Lagerfeld）与大众成衣品牌 H&M 合作，推出现代、优雅且实惠的系列服饰，且所有商品都别挂特殊的"Karl Lagerfeld for H&M"吊牌
图2.13 香奈儿（Chanel）2014春夏系列
图2.14 田园风格——安娜·苏（Anna Sui）2022春夏系列

（四）大众成衣

大众成衣是工业化的产物，指近代出现的为大众消费者设计、按标准型号成批量生产的服装，具有品质规格化、生产机械化、产量速度化、价格合理化、款式大众化等特点。成衣的涵盖范围广泛，潮流变化迅速，吸引了大多数具有时尚意识的大众消费群体，是服装业的主体。大众成衣设计师的任务就是注重市场需求，把握大众的流行节奏，制造大众可以承受的时尚消费品。美国的（GAP、瑞典的H&M，西班牙的ZARA，都是我们所熟悉的大众成衣品牌（图2.12）。

二、风格定位

服装风格指服装外观样式与精神内涵相结合的总体表现。服装设计追求的境界是服装风格设计，是设计主题在服装载体上的具体表现形式，是服装的灵魂所在，具有强烈的视觉冲击力，能够带给人们心灵上的共鸣。

对于品牌而言，风格的建立与稳定是形成顾客品牌忠诚度的前提，更是形成品牌高价值的基石。品牌风格的准确定位，是服装企划的核心，反映了品牌独特的设计理念与目标消费群体

的个性需求,决定了服装材质、款式、色彩等多种元素以及陈列展示的设计原则。国际知名的服装品牌都有自己稳定成熟的风格定位,无论岁月的流逝、设计师的更替、流行的浪潮变化,都不会影响对品牌风格的长期坚守。例如香奈儿(Chanel)品牌的时装以线条流畅、质地舒适、款式简洁的格调被时尚女性奉若优雅风格的典范,其20世纪20年代的三件套"香奈儿套装"风行至今,并被许多品牌所效仿;英国品牌博伯利(Burberry)作为经典风格最具代表性的品牌,米色底,红色、驼色、黑色和白色的格子是博伯利的典型图案,无论是经典的博伯利风衣还是博伯利品牌的鞋子、围巾甚至雨伞都无一例外地被打上了格子烙印,显示出高贵而典雅的品质;安娜·苏(Anna Sui)品牌的田园风格从广袤的大自然和悠闲舒适的乡村生活中吸取灵感,塑造自然而诗意的休闲形象(图2.13~图2.15)。

世界著名的服装设计师都有自己明确的设计风格,他们每年举办时装发布会,以作品传达自身独特设计理念的同时也使自己所任职的服装品牌在市场竞争中独树一帜。设计师让-保罗·高缇耶(Jean-Paul Gaultier)在2010年巴黎秋冬时装作品发布中,就将很多东方的民族元素与西方服饰的设计理念巧妙结合,整个舞台充满了浓郁的异域风情和强烈的民族气息(图2.16)。而设计师维维安·韦斯特伍德(Vivienne Westwood)和川久保玲(Rei Kawakubo)作为前卫风格的代表设计师,韦斯特伍德的设计主题怪异,设计手法充满了对传统服装的反叛和挑衅,被誉为"朋克之母";日本设计师川久保玲则以其独树一帜、融合东西方概念的设计,被服装界称为"另类设计师"。对于服装设计初学者而言,确定某种风格,并努力表现出来,不仅能够提高服装的品位,同时也锻炼了设计能力(图2.17、图2.18)。

15

17

图2.15 博伯利(Burberry)2024广告片
图2.16 民族风格——让-保罗·高缇耶(Jean-Paul Gaultier)2010年秋冬系列
图2.17 维维安·韦斯特伍德(Vivienne Westwood)2018春夏系列发布会现场

16

服装设计基础 | BASICS FOR FASHION DESIGN

三、服装产品定位

服装产品定位是在市场细分的基础上进行的,即根据不同的品牌风格,对不同的产品分类、产品类型及产品品类进行具体的设计。产品定位首先要确定设计的品牌类别是男装、女装,还是童装,然后决定设计产品的类型是职业装、礼服、运动装或休闲装,最后要细化到产品品类,如梭织服装、针织服装、牛仔服装、皮草服装以及裙子、裤子、连衣裙、衬衫、外套、夹克、西服、大衣等具体品类和款式。

（一）服装产品分类

在时装的工业化进程中,依据消费者的生理状态,将服装产品划分为女装、男装、童装三大类。我们在商场和百货商店看到的服装产品的陈列设计都是以女装、男装、童装作为基本区域划分的。

1. 女装

女装的销售占有市场最大的份额,女装的风格多样、种类繁多,款式造型变化丰富,在面料的使用上几乎包括了所有的服用面料,女装设计的变革也带动了服装设计的发展。同时,由于女装的更新速度要比男装和童装快得多,季节性的时尚周期要求服装设计师有更加敏捷的反应能力,以及服装企业灵活多变的生产能力（图2.19）。

图2.18　川久保玲（COMME des Garçons）2023春夏系列
图2.19　女装品牌——席琳（Celine）2021秋冬女装系列

2. 男装

随着社会的不断发展、生活方式的改变、审美情趣的提高，当代男性对自己在工作、生活及休闲生活中的形象要求也越来越高。男装的典型特征是保持服装外轮廓线的严谨与完整，注重细节的设计、富有品质感的面料，以及考究的裁剪制作。相对于传统保守的男性商务套装设计，很多新兴的休闲装和从体育服装衍生而来的运动装，成为现代男性购买频率更高的服装品类。在男装产品推广中，品牌的影响力起到举足轻重的作用（图2.20）。

3. 童装

童装是指从出生到16岁的儿童穿着的服装，根据年龄，可分为婴儿装、幼儿装、儿童装和少年装四类。童装不但对培养儿童的审美意识、在穿着习惯等方面发挥着重要的作用，同时也影响着儿童的生长和发育。因此，作为童装设计师，必须了解儿童各年龄段的生理、心理特征，通过阅读有关书籍杂志、对顾客进行观察和研究来熟悉整个童装市场需求，设计中既要考虑审美机能的产品，又要考虑生理机能的需求，面料的舒适耐用、结构细节的牢固和装饰设计的实用等都是童装必不可少的设计要素。虽然童装所占有的服装市场份额小，但随着孩子和父母品牌意识的增强，很多时装零售商开始关注这部分市场，从高级女装品牌迪奥（Dior）、博伯利（Burberry）到大众休闲品牌Gap、汤米（Tommy）、H&M等都将自己在成人服装中获得成功的款式系列融入到童装系列设计中，对童装市场产生了巨大的影响（图2.21）。

图2.20 迪奥（Dior Men）男装2023秋冬系列
图2.21 童装系列，Zara Kids童装2020春夏系列

（二）服装产品类型

无论是设计男装、女装还是童装，在每一种服装分类中都包括不同的服装类型，如创意装、休闲装、运动装、职业装、礼服等。不同类型的服装具有各自的社会功能，分别满足不同的穿着场合和社会需求，服装产品的拓展设计也都会在这些特定的领域内进行。

1. 创意装

创意服装是服装的创新设计，是运用服装形式表达概念或主题文化的过程。创意服装设计可以让设计师摆脱实用服装的羁绊，任意发挥其想象力和创造力，将自己的创作意图充分展现，并赋予作品个性化和情感化的思维。创意装设计的目的意在通过对思维天马行空的自由拓展训练培养设计师的思考能力和设计能力，挖掘设计师的创作潜力，所以大多数的青年设计师都热衷于创意服装设计。同时，创意装对于新造型、新材料、新色彩、新工艺的开发与应用以及对新着装风格、着装状态等方面的深入尝试，不但为服装设计寻求了创造性的突破，更为实用装提供了设计源泉。此外，创意服装设计在企业的经营策划中还具有一定的战略意义，企业可以通过创意服装展示对市场所造成的视觉冲击力，树立企业的形象和影响力，以此来增强企业的品牌效应（图2.22、图2.23）。

2. 休闲装

休闲装是指适合人们现代生活方式的既方便简洁，又轻松舒适的服装，是人们日常生活中最主要的着装类型。休闲装起源于美国，20世纪六七十年代以后，在崇尚回归自然的思潮下，休闲类服装逐渐成为主流服装。休闲装不像职业装和礼服那样能够直接鲜明地反映出服装的社会性，而是着重突出服装穿着的实用性。因此，体现服装的舒适性、轻松性和随意性就成为休闲装设计的重点。休闲装大致可以分为家庭便装、休闲便装和运动便装三类。

（1）家庭便装

家庭便装要符合日常家居生活的需要，充分体现轻松、舒适和温馨的生活氛围。宽松、简单的款式和柔和、淡雅的色彩搭配是家庭装设计的主要方向。同时，出于对穿着舒适性的考虑，所选用的面料也应注重亲肤、透气和吸汗等实用功能。

（2）休闲便装

休闲便装主要指人们在室外活动（休闲、购物等）时所穿的服装，轻松自然、搭配随意。设计上多以宽松舒适、简洁流畅的造型为主，同时寻求内部结构和装饰细节的丰富变化。以能够传达出休闲情调，反映出强烈的时尚感为设计的精髓。休闲装的设计风格广泛，留给设计师更大的空间去发挥自己的才华（图2.24）。

图2.22 创意服装（Si Chan）
图2.23 创意服装——维果罗夫（Victor & Rolf）2023春夏高定系列
图2.24 休闲品牌——优衣库（UNIQLO）与JW安德森（JW Anderson）2023秋冬联名系列

（3）运动便装

运动便装是人们参加各种休闲运动及户外运动时所穿着的服装。这里所指的运动休闲装和运动员比赛时所穿的服装是不同的。运动休闲装源于专业比赛用服装，充分继承了专业比赛服装的透气性、保护性、舒适性和耐磨性等功能性特点，同时又结合了时尚的流行元素，体现活力与时尚的设计理念，是充满动感和活力的一类休闲装。随着运动健康生活方式的流行，运动休闲装在人们消费支出中占有的比例越来越大，并已逐渐成为流行时尚的重要组成部分（图2.25）。

3. 运动装

现代运动装出现于19世纪中叶，随着欧洲体育运动的逐渐普及，出现了专为狩猎、打高尔夫球等运动者而设计的服装。这里的运动装不同于运动便装，专指以适应各种专项运动为主要穿着目的、按照运动项目的特定要求设计和制作，并具有特殊服用功能性和较强科技含量的服装。例如游泳选手穿着的速比涛（Speedo）品牌推出的"LZR竞技泳装"，这种泳衣的制作材料来自美国宇航局（NASA）航空科技，具有极其轻薄但又有超强弹性的特点，工艺上采用整体剪裁技术，接缝处的特殊处理还可以减少水中的阻力。可见，对于专业运动服，在服装设计上应遵循以运动和运动中的人为本、功能至上的原则，运动的各种功能性决定了运动服装的款式、色彩和面料。

25

26

图2.25 运动便装——亚瑟士（Asics）2023春夏系列
图2.26 匡威（Converse）
图2.27 Y-3品牌2023秋冬系列

27

随着新世纪时尚观念的迅速变化，时尚的主流也开始受到运动服装的影响，尤其是近年来强调机能性的产品更是受到消费者的青睐。例如最初专门为篮球运动员设计的匡威（Converse）跑鞋（图2.26），如今就已经成为街头的时尚风向标。同时对于品牌和设计师而言，"跨界合作"也成为十分时髦的词语，随着阿迪达斯（Adidas）与高级时装设计师山本耀斯合作成立了Y-3品牌，各大时装品牌的服装设计中也纷纷加入运动化元素，使运动化服装有了更大的发展空间（图2.27）。

28

29

图2.28 法国航空公司制服——克里斯汀·拉克鲁瓦（Christian Lacroix）设计

图2.29 2023年英国航空公司发布的新款制服，由英国本土设计师奥斯华·宝顿（Ozwald Boateng OBE）设计

4. 职业装

职业装是指在具体的工作环境中从业人员穿着的统一的、规定性的服装形式。根据职业服装的实用功能和社会形象的不同可以大致划分为行政类职业装、规范类职业装、行业类职业装、劳动保护类职业装四类。行政类职业装是商业行为和商业活动中最为普遍使用的服装，主要用于政府机关、行政事业单位和大型企业集团的规范化着装，这类服装的设计既要求穿着场合，同时又带有一定的流行性，含蓄高雅，追求品位；规范类职业装是指按照国家法律规定，具有鲜明行业特征的服装，如军服、警服、税务服装等；行业类职业装以识别行业特点、突出企业整体形象为目的，是在工作时间内所穿的服装，如宾馆、饭店、工矿企业等；劳动保护类职业装是指在特殊工作中保护人身安全的工作服，如消防服、防辐射服、潜水服等。由于各种职业特点的差异，职业装的设计非常强调针对性，在设计前必须针对职业服装的使用特征、设计对象和设计要素进行充分的调研与分析，注重企业CIS系统的理解与运用，一方面设计要舒适、方便、环保，符合职业特点，另一方面要将时装的设计要素与相应的职业装有机结合。如今，功能化和时装化已经成为职业装未来发展的两大主题，在体现职业特色的同时，职业装的设计也越来越趋于国际化、品牌化、时尚化、个性化，很多著名企业都不惜花费重金聘请名家设计师为自己开发设计时尚化的系列职业装，以期得到社会广泛的认同和塑造企业良好的形象。例如，法国航空公司就曾聘请克里斯汀·迪奥（Christian Dior）、皮尔·卡丹（Pierre Cardin）、尼娜·里奇（Nina Ricci）、让·巴度（Jean Patou）、克里斯汀·拉克鲁瓦（Christian Lacroix）等著名设计师为其设计系列航空制服，而这些设计师也以能够接到重要机构或企业的制服设计任务为荣，力求通过法航的空中使者向世界展现法国时装的艺术魅力（图2.28、图2.29）。2023年英国航空公司发布的新款制服，由英国本土设计师奥斯华·宝顿（Ozwald Boateng OBE）设计，新制服在设计过程中对可持续性充分考量，其中超过90%的面料是使用可回收聚酯纤维混合面料生产。

5. 礼服

礼服即社交服装，原多指参加婚礼、葬礼等礼仪活动时所穿的服装，现泛指出席各种酒会、舞会和社交活动等正式场合时所穿的隆重而正式的服装。在人们的印象中，无论是礼服的款式结构、色彩搭配，还是礼服的面料使用和工艺制作，都是服装形式的最完美组合。在我国，从古代帝王将相的登基加冕到贫民百姓的婚丧嫁娶，礼服在中国传统服装中占有很重要的地位，随着西方文化对中国传统服装的冲击，部分服装与西式服装相结合，但仍有一些中式服装始终保持着其原有的特色，这其中端庄、典雅的旗袍就是最典型的代表。除此之外，我们讲到的礼服很多都是指与西方传统社交礼仪和服饰文化紧密相连的欧式礼服：袒胸拖地的长裙、奢华艳丽的面料、考究精致的做工成为女性晚礼服的主要特点；昼礼服则以大方稳重的配色、精细的面料和得体的裁剪适应多种穿着场合；圣洁高雅的婚礼服，更以清新淡雅的色彩，轻盈透明的丝织面料，头纱、手套以及珠宝首饰等饰物，成为婚礼的专用服装。随着人们生活理念及设计理念的改变，传统的社交礼服受到现代社会快节奏生活方式的挑战，表现出通融和简化的趋势，礼服的设计风格也在东西方文化的交融中，变得日趋自由，变化多样（图2.30~图2.32）。

6. 内衣

内衣泛指贴身穿着的服装。随着消费水平的提高，人们的时尚观念已经变得越来越个性化和精致化，内衣成为人们对服装需求的组成部分，并发挥着重要的作用。内衣与其他服装的最大区别在于它穿在外衣里面，一般不为外人所见，其主要功能在于满足穿着者保护皮肤、矫正体型、衬托外装的需要，并在特定的私密空间中又有着向最亲密的人展现魅力的功能。根据内衣的功能性和技术性，可将内衣分为贴身内衣、辅正内衣和装饰内衣三大类。内衣的设计必须要考虑到款式、材料、结构等方面符合人体舒适的需要，同时在视觉和视觉心理上给人以柔和贴体的感受。美国内衣品牌"维多利亚的秘密"（Victoria's Secret）、法国的格柏（Gerbe）、奥地利的沃芙德（Wolford）等世界顶级内衣品牌无不以其流行的设计、精巧的做工、舒适的触感、先进的面料，赢得全世界女性的青睐（图2.33~图2.35）。

图2.30 西式礼服——亚历山大·麦昆（Alexander Mcqueen）"野性之美"回顾展，美国大都会博物馆，2011年
图2.31 英国威廉王子与凯特王妃结婚礼服
图2.32 中式礼服——中国独立设计师马凯品牌 Messential 2024春夏女装系列
图2.33 文胸（Anonymous），1920年
图2.34 紧身胸衣（Corset），1907年
图2.35 内衣品牌维多利亚的秘密（Victoria's Secret）2019春夏系列

（三）服装产品品类

服装产品的品类根据面料属性可以细分为梭织服装、针织服装、牛仔服装、皮草服装等；具体的款式品类又包括裙子、裤子、连衣裙、衬衫、外套、夹克、西服、大衣等。对于企业而言，一个品类就可以发展成为一个专门的服装品牌，如西服品牌、牛仔品牌、衬衫品牌等。设计拓展有时就是为这些不同品类的服装产品进行的专门化系列设计。

1. 牛仔服装

牛仔服装指用牛仔布制作的服装。牛仔布，即丹宁（Denim），是一种原产于法国小镇尼姆（Nimes）的斜纹布，法文取名"Serge De Nimes"。质朴的蓝靛色、粗犷的斜纹布、低腰身的直筒造型、粗拙的线迹与皮标、金属的拉链和铆钉成为牛仔裤的经典形象。翻开牛仔裤的历史，我们可以看到服装发展史上的很多个第一：1873年李维·斯特劳斯（Levi Strauss）在美国注册了第一条钉铆钉的男装裤子，"牛仔裤"（Jeans）这个词开始被用来称呼各种斜纹布制的裤子；世界上第一条牛仔裤，指Levi's501款，至今已有109年的历史；1925年，李Lee品牌推出世界上第一条"拉链牛仔裤"；20世纪50年代时，立酷派（Lee Cooper）品牌首开先河将牛仔女裤拉链从旁边改为中间，为开创男女不同的设计与剪裁法作出了重要贡献。今天，牛仔服装以其自然不羁和充满青春活力的风格依旧风靡全世界，牛仔服装的品种也从单一的牛仔裤扩展到包括牛仔裙、牛仔上衣、牛仔包、牛仔帽、牛仔鞋在内的各种时尚品类，并呈现出多元化的发展趋势。一方面在设计中运用染色、洗水、做旧、渐变、石磨、扎染、喷绘、绞拧等后整理工艺，将牛仔面料从黑色或靛蓝色的坯布处理成从黑色到靛蓝色到各级灰色与蓝色、直至纯白色的丰富色彩以及各种褪色、磨毛等仿旧效果，这些丰富的表面视觉肌理成为设计师在设计中着力表达的中心；另一方面在各种时尚风潮的影响下，牛仔面料也被染成红、黄、绿等时尚的色彩，各种针织牛仔布、提花牛仔布、真丝牛仔布等新品种被不断开发，诸如羽毛、印花、刺绣、珠绣、电脑腐刻等技术也都出现在牛仔服装的设计中，从而衍生出更为绚丽多彩的牛仔服装（图2.36、图2.37）。

图2.36 李维斯（Levi's）501女士紧身牛仔裤
图2.37 牛仔服装（英国中央圣马丁2012MA毕业作品）

2. 毛皮服装

（1）毛皮与皮革

毛皮与皮革是珍贵的服装材料。皮革指经过加工处理的光面或绒面皮板。各种兽皮、鱼皮等真皮层比较厚的原皮，经鞣制后成为熟皮革，皮革经过染色或印花处理后得到的各种外观风格，深受人们的喜爱，作为服装材料使用已有悠久的历史。衣用皮革主要是服装革和鞋用革，多以猪、羊、牛、马、鹿为主要原料皮，此外，鱼类皮革、爬虫类皮革，如鹿皮革、蛇皮革、鳄鱼皮革等也用于服装的装饰部分以及箱包等服饰品的加工制作。

毛皮指鞣制后的动物毛皮，毛皮由针毛、绒毛和粗毛等三种体毛构成，随着毛的生长过程而变换。针毛生长数量少，是长而伸出到最外部的毛，呈针状，具有一定的弹性和鲜丽的光泽，给毛皮以华丽的外观；绒毛生长数量多，是在针、粗毛下面密集生长着的纤细而柔软的毛，主要起保持和调节体温的作用，绒毛的密度和厚度越大，毛皮的防寒性能就越好；粗毛的数量和长度介于针毛和绒毛之间，毛多呈弯曲状态，具有防水性和表现外观毛色和光泽的作用。毛皮主要品种有：貂皮、狐狸皮、水獭皮、羊羔皮、绵羊皮、兔毛皮等。毛皮是理想的防寒服装材料，保暖、轻便、耐用且品质华丽而高贵（图2.38）。

（2）毛皮服装

毛皮英文"Fur"，是对整个行业范围的统称。毛皮服饰具有质地柔软，光滑细腻、蓬松保暖的视觉与触觉特征，并因其材质的珍贵与奢华成为女性的珍爱与向往之物。近年来随着毛皮原料的开发和技术的不断创新，毛皮时装已经成为时尚服饰不可分割的部分，并向着年轻化、时装化、多样化的趋势不断发展。毛皮时装的造型轮廓通常舒展而简洁，在设计上除注重根据原料的特点将时装的结构线与毛皮材料的分割线相结合外，还可以通过时装中独特的装饰细节处理手段，配合毛皮服装特殊的肌理、工艺制作方法，赋予材料全新的感观效果。如运用剪花、剪毛、拉伸、镂空、编织等工艺处理方法；使用印花、喷染、漂染等染色技术；毛皮材料与针织、牛仔、蕾丝、珠绣等多种材料的重构搭配等，这些突破传统的设计理念与设计手法都为毛皮时装的创新设计创造了广泛的发展空间。

毛皮作为全天然服装原料，不同于针织或梭织等纤维类产品。毛皮服装的制作工艺相对较为复杂，由于每一只动物的毛皮都不完全一样，所以在硝皮、染色、配皮、配色等方面都需要专业的技术处理才有可能达到满意的效果。在毛皮服装设计开发的过程中，设计师们在发挥创造力的同时，要求其对毛皮原料及工艺制作特点有清晰的了解，只有这样才能根据材料特质进行款式设计，将不同毛皮巧妙地组合搭配，从而创造出具有全新视觉效果的服装服饰品（图2.39、图2.40）。

图2.38　时尚的休闲风格毛革外套 普拉达（Prada）2022秋冬系列
图2.39　狐狸毛大衣 芬迪（Fendi）2022春夏高级成衣系列
图2.40　水貂毛大衣 迪奥（Dior）2023秋冬系列

38　　　　　　　　　　39　　　　　　　　　　40

3. 针织服装

针织服装是以线圈为最小组成单元相互穿套连接而成的服装。随着针织业的发展和新型整理工艺的诞生，针织物从传统的内衣用料发展为风格独特、系列化、时装化的面料，针织时装也成为时装的一个重要组成部分。针织服装主要品种有毛衫、内衣、时装和配件四大类别。与梭织面料服装相比，针织服装具有弹性好、透气性强，穿着舒适、轻便的特点。针织服装在设计中应突出面料特有的质感和优良的性能，易采用流畅的线条和简洁的造型来强调针织服装特有的自然舒适性，款式变化不宜太复杂，因为过分夸张的设计构思及复杂的结构变化，不但在线圈结构的针织面料上难以表现，而且还会喧宾夺主，失去针织面料应有的性能和质感优势。同时，为了避免和弥补因造型简单而产生的平淡感，设计时可在面料组织、色彩、图案、装饰上多加考虑，以取得满意的设计效果。

意大利的时装品牌米索尼（Missoni），被公认为针织品牌的典范，其设计以极富艺术感染力的色彩、流动效果的条纹、良好的针织工艺构成了集商业与艺术为一体的经典风格（图2.41）。索尼亚·里基尔（Sonia Rykiel）也是以编结和针织服装而闻名的法国成衣品牌，设计师索尼亚·里基尔有"针织女王"的美称，她的设计风格独特，并发明了把针织服装的接缝及锁边裸露在外、不处理裙子下摆的创新设计（图2.42）。

图2.41 米索尼（Missoni）2021秋冬系列——彩色针织的魅力
图2.42 索尼亚·里基尔（Sonia Rykiel）2009春夏针织系列

41

42

43

44

4. 饰品

饰品是指除服装以外所有附加在人体上的装饰品和装饰。饰品的种类繁多，主要包括首饰、包袋、鞋帽、腰带、围巾、手套、伞、扇子、眼镜、手表等。饰品在服饰中起到重要的装饰和实用作用。一方面，服装可以使人显得更加出色，而服饰品则会使服装显得格外突出，是服装的"点睛之笔"，通过不同饰品与服装的组合搭配，可以使服装呈现出不同的风格倾向，使着装者的气质、精神、形象得到提升，人、服装、饰品三者形成和谐统一的服饰整体美。另一方面，服饰品还具有一定的保护、实用等功能，很多饰品都将装饰和功能结合进行设计。如鞋帽和包袋的设计，就需要设计师在造型设计的同时，充分考虑人体工程、实用结构等方面的功能特点（图2.43、图2.44）。

服饰品对服装整体设计的依附性及从属性，使传统的服饰品设计一直处于边缘化的地位。在现代服装设计中，随着流行的多样化，服饰品在服装搭配中显得越来越重要，作为时尚的标志，饰品与服装共同形成的完整而充满魅力的视觉形象开始受到消费者的普遍重视，饰品设计也逐渐成为服装系列产品开发的亮点，很多品牌和设计师在设计服装系列的同时，也设计系列服饰品来搭配所设计的服装，通过配套的系列产品使服装的外观视觉形象更为整体，在提高消费者着装形象完整度的同时，也通过独特的艺术语言，充分表达品牌的整体风格，构成品牌完整的形象。如法国品牌爱马仕（Hermès）以橙色礼盒、丝带及马车标志传扬四海，其产品系列包括男女服装系列、皮具、箱包、丝巾、香水、手表等，尤其是它的丝巾和手提包，更是以卓越的设计和精湛的工艺，折射出爱马仕品牌艺术品般的非凡魅力（图2.45）。

45

图2.43　饰品设计——添柏岚（Timberland）与潘吉亚（Pangaia）2022联名系列
图2.44　概念饰品设计（Meline Katchi）
图2.45　爱马仕（Hermès）2022珠宝系列

第3章 服装设计方法与程序

服装设计的程序包括若干个步骤，从最初的设计调研开始，寻找灵感，产生主题；然后遵从一定的设计方法，综合设计服装款式、色彩、面料和图案；最后到版型结构、坯布样衣的制作，整个设计过程引导着设计师的思考与行动。虽然设计的程序具有普遍性，但是也会因为不同的设计条件和设计感知而发生变化，设计师可能从某个艺术领域得到创作灵感，从而确立设计的主题，也可能因为某种特殊的肌理或工艺而开始设计的构思，这些都是由设计师在设计过程中具体把握的。

一、设计调研

与其他行业相比，服装行业总是站在时尚的前沿，每个季节，都有一种力量在周而复始地推动着时尚的车轮，促使时装的潮流以其他行业所无法比拟的速度不断地发展，而调研的魅力就在于它会帮助设计师获取很多未知的信息和主题资料，提供缔造时尚的设计灵感和创作方向。

图 3.1　调研手册——服装造型结构分析（闫乙杞）

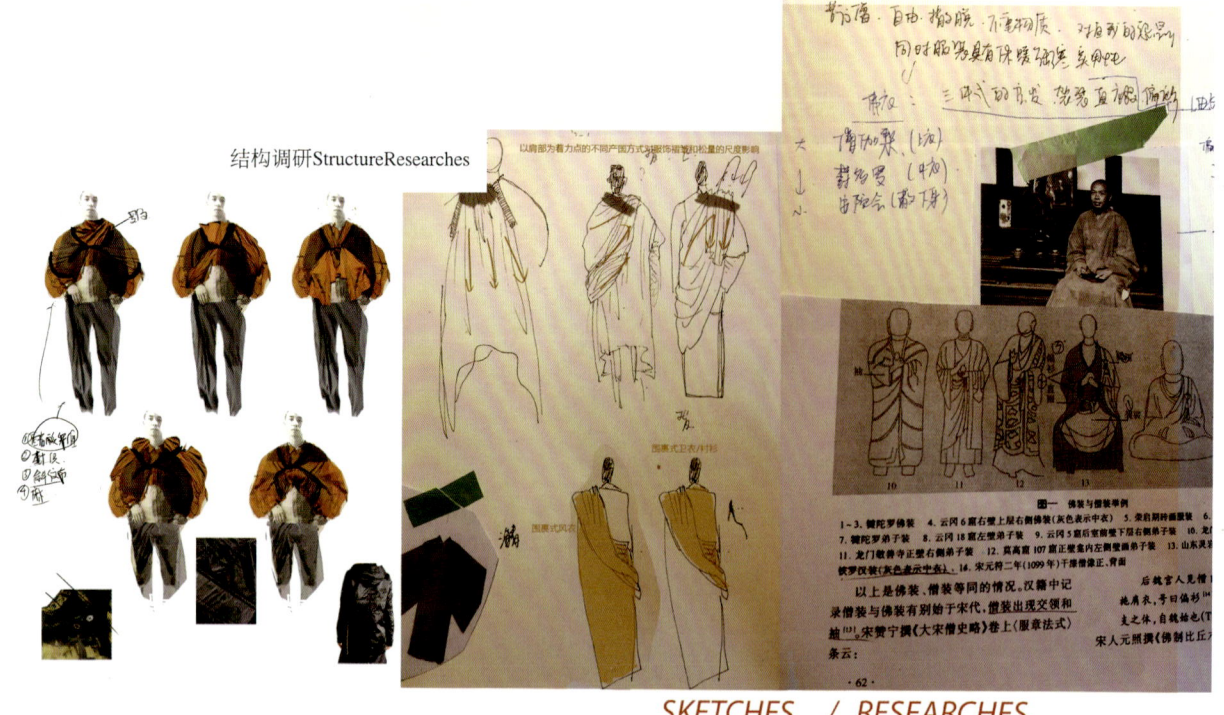

作为服装设计过程中必不可少的一个环节，调研的内容包括两方面：一方面是收集、确定一个系列设计的主题或概念所需要的灵感素材，包括造型、结构、细节、色彩、印花、肌理以及艺术思潮、科技成果，文化动态、当代流行趋势等与设计主题相关的背景信息。另一方面是为展开设计的创意理念而进行的资料搜集和整理，采集设计所需要的真实有形的、可实践操作的素材，如面料、辅料、花边、纽扣、装饰等各种关于服装方面的实用部件（图 3.1~图 3.4）。

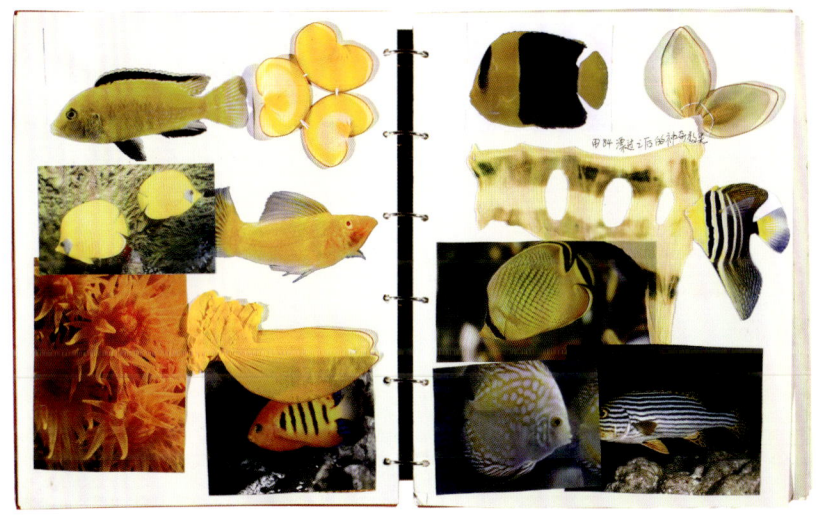

图 3.2　调研手册——生物材料实验（孙源源）
图 3.3　对色彩的调研与分析（马文佳）
图 3.4　有关艺术思潮的资料收集（华嘉）

调研工作完成后,将收集来的图片、面料、装饰物等以一定的技巧加工处理编辑成为调研手册或手稿册,它反映了设计师的思维发展轨迹以及对主题的表达方式,甚至隐藏着更多去值得深入发展的灵感。调研手册是设计师对调查、研究和信息的记录与分析整理,可以采用拼贴、并置、描绘等手法完成(图3.5~图3.8)。

图3.5 调研手册示例——拼贴手法(张乐嫄)
图3.6 调研手册示例——拼贴手法(王文娟)

图 3.7 调研手册示例——并置手法（华嘉）
图 3.8 调研手册示例——包括对实物素材的收集和对细节的描绘（华嘉）

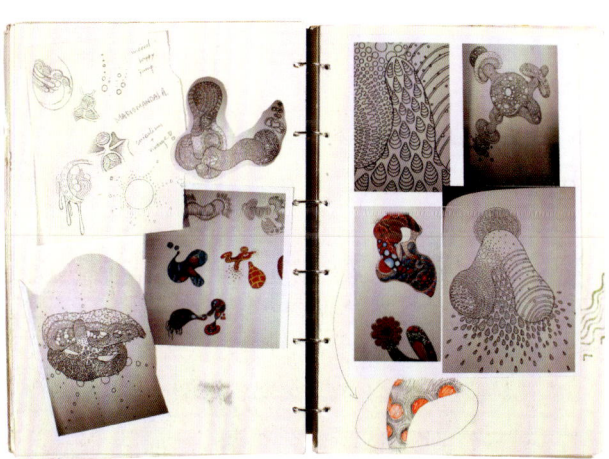
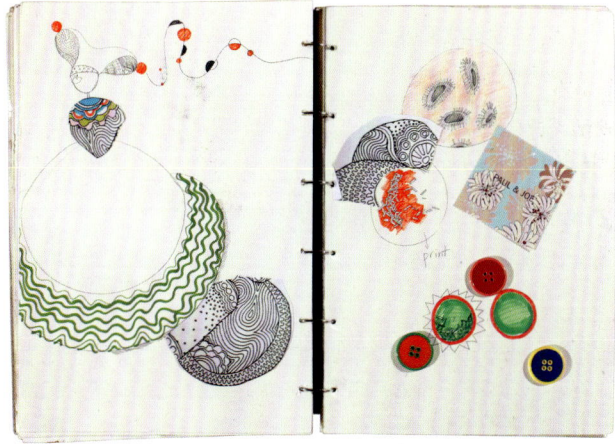

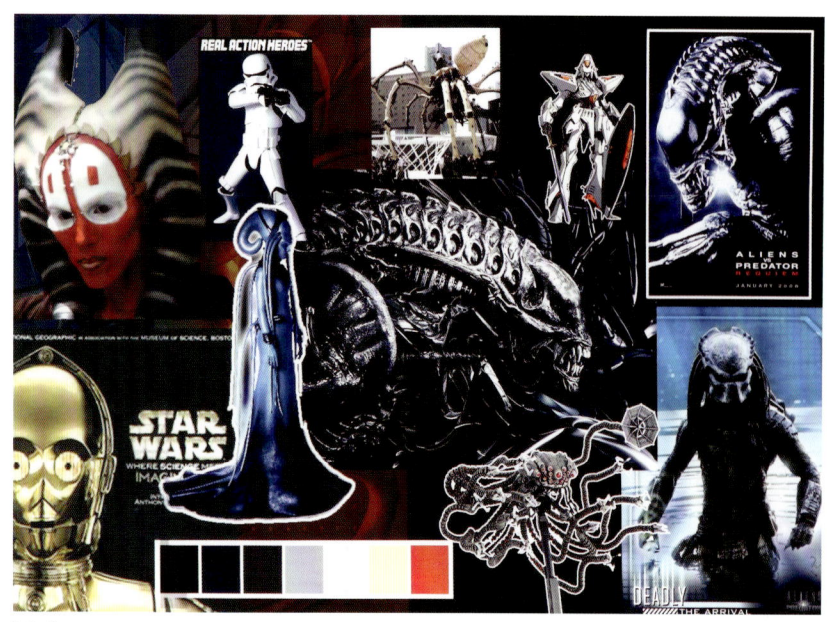

9（a）

二、设计主题

设计主题是设计师在设计过程中所要传达的主题氛围和基调。设计主题一般都要命名，名字既要能反映主题的内容，同时还要能够制造气氛，诸如一些抽象的词语，或者概念化的可视资料以及带有描述性的文字、故事或传说都可以成为主题命名。设计主题作为设计元素的灵魂，所有设计手段都会围绕这一主题进行诠释，并最终体现出符合这一主题的设计基调。作为一名服装设计师，在开始进行设计的时候必须要确定自己的设计主题，并通过调研不断地去了解研究有关这一主题的更多信息，激发自己的设计灵感，以个性化的视觉语言表达具有独创性的设计（图3.9~图3.13）。

9（b）

图3.9（a） 主题概念版、效果图与服装作品"STAR WARS"（黄苑）
图3.9（b） 主题概念版、效果图与服装作品"STAR WARS"（黄苑）

10(a)

10(b)

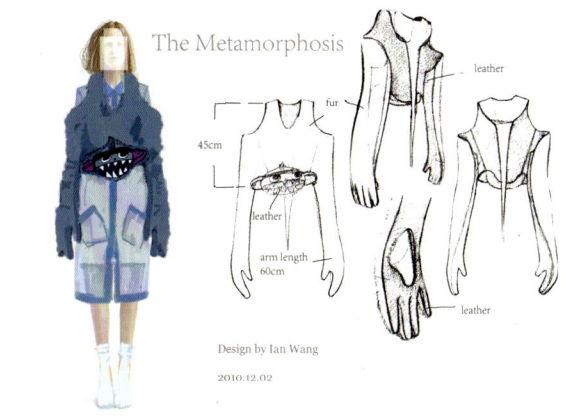

10(c)

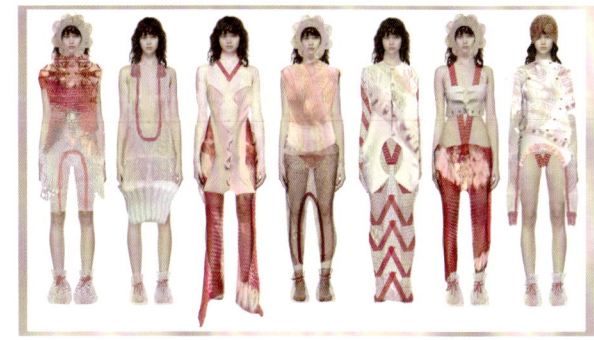

11(b)

图3.10（a） 主题概念板、效果图与服装作品，作品主题"The Metamorphosis"（王楠）
图3.10（b） 主题概念板、效果图与服装作品，作品主题"The Metamorphosis"（王楠）
图3.10（c） 主题概念板、效果图与服装作品，作品主题"The Metamorphosis"（王楠）
图3.11（a） 主题概念板、效果图与服装作品，作品主题"Baby Girl"（江文卓）
图3.11（b） 主题概念板、效果图与服装作品，作品主题"Baby Girl"（江文卓）
图3.11（c） 主题概念板、效果图与服装作品，作品主题"Baby Girl"（江文卓）

11(a)

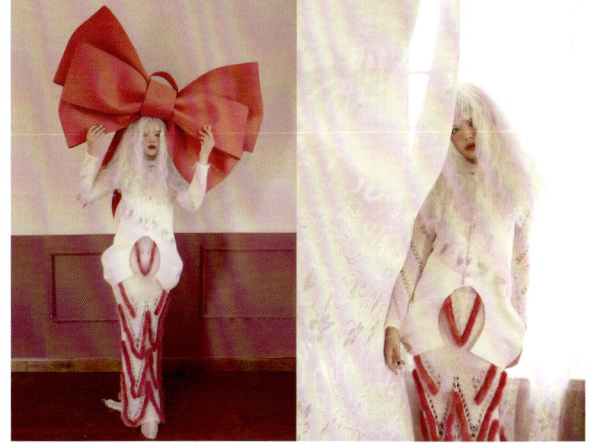

11(c)

图3.12（a） 主题概念板、效果图与服装作品，作品主题"FAKE"（温雅）

图3.12（b） 主题概念板、效果图与服装作品，作品主题"FAKE"（温雅）

图3.12（c） 主题概念板、效果图与服装作品，作品主题"FAKE"（温雅）

12（a）

12（b）　　　　　　　　　　　　12（c）

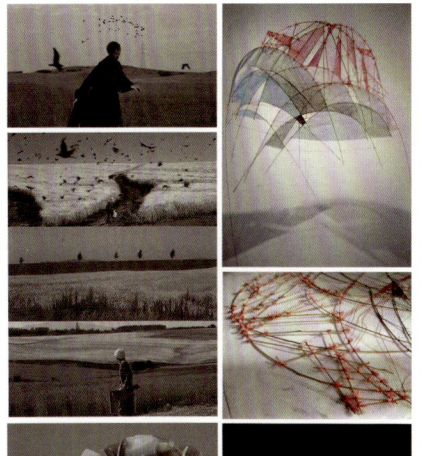
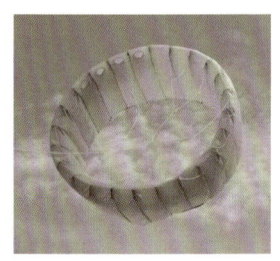

风本身是无形的
但它不仅能改变一个物体的瞬时状态、
还能持续永久地改变一个物体。

寻找风的力量
在风的作用下对物体瞬时和永恒的状态的捕捉

图3.13（a） 主题概念板、效果图与服装作品，作品主题"The Shape of The Wind"（王文娟）
图3.13（b） 主题概念板、效果图与服装作品，作品主题"The Shape of The Wind"（王文娟）
图3.13（c） 主题概念板、效果图与服装作品，作品主题"The Shape of The Wind"（王文娟）

13（a）

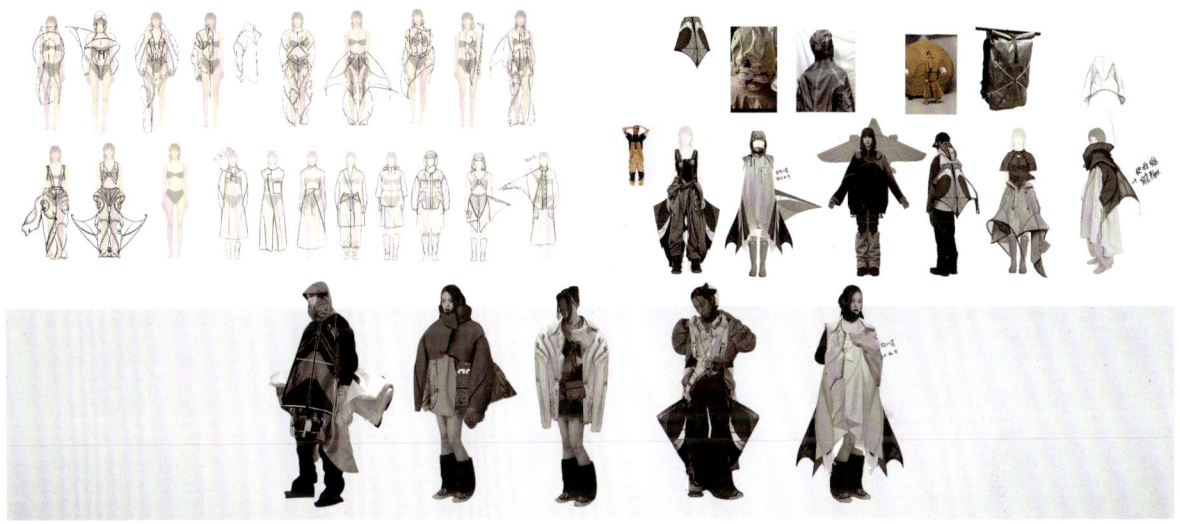

13（b）

13（c）

三、设计灵感

设计是根植于生活的,灵感的迸发源于对平凡而精彩生活的深刻体验以及广博深厚的学识积累,因此,设计师必须注重培养对周围各种事物的敏锐洞察力,以发现美的独特眼光从中寻找灵感的源泉,创造非凡的服装创意。

调研资料的收集以及设计的灵感可以通过以下途径获得。

(1)自然界(图3.14);
(2)网络、书籍、期刊、杂志(图3.15~图3.17);

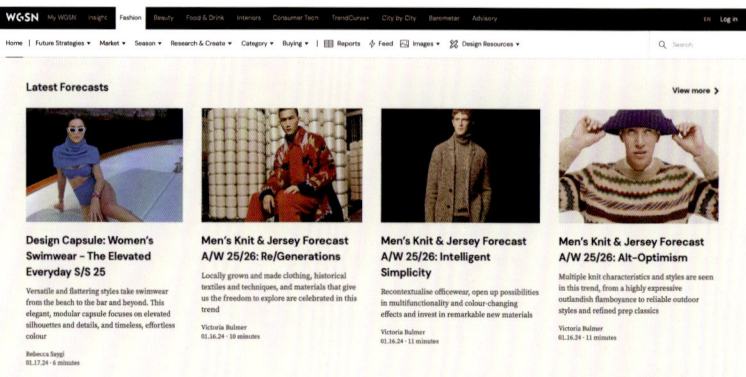

15

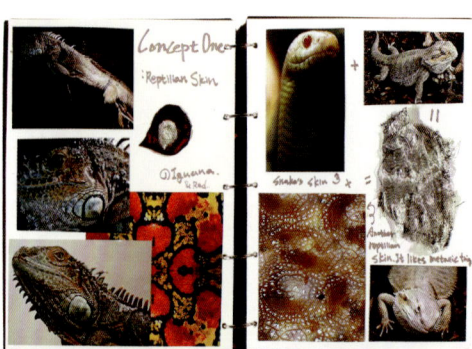
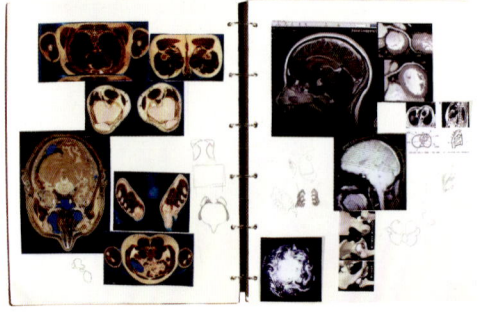

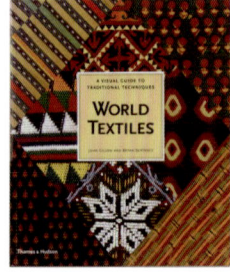

16

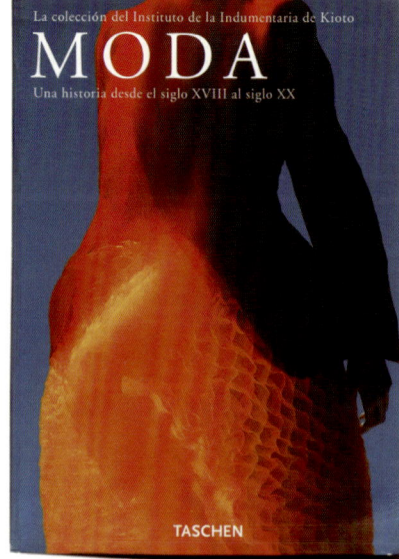
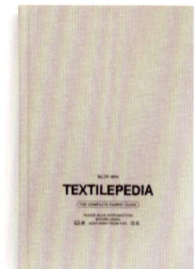

14

17

18

19

(3)博物馆和艺术画廊(图3.18);
(4)服装史(图3.19、图3.20);
(5)异域文化(图3.21);
(6)跳蚤市场和二手店(图3.22);
(7)建筑(图3.23、图3.24);
(8)电影、戏剧和音乐(图3.25、图3.26);
(9)街头和年轻人文化(图3.27、图3.28);
(10)新技术(图3.29)。

20

图3.14 以自然界灵感来源的资料收集(华嘉)
图3.15 网络是最方便快捷的调研途径,可以在全世界范围内采集信息、图片和文字,Vogue网站时尚资讯网页,2023年12月
图3.16 网络WGSN网站
图3.17 书籍与杂志是信息资料和潜在灵感的来源,可以提供很多设计调研阶段的图片和文字
图3.18 从博物馆和西班牙超现实主义画家米罗的作品中获得灵感的调研手册(华嘉)
图3.19 从服装史中可以找到很多能够为设计提供灵感的参考资料
图3.20 有关军装历史的主题调研(于婧妍)
图3.21 异域文化——从西方宗教服饰获得灵感(陈千雪)

21

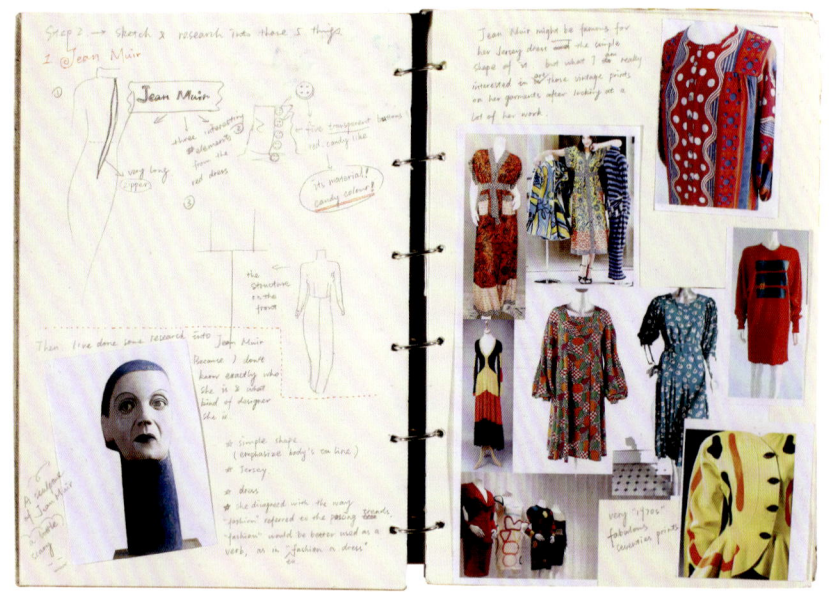

图 3.22 从跳蚤市场和二手店获得灵感来源的调研手册（华嘉）

图 3.23 服装与建筑有很多的共同点——从建筑中得到灵感的调研手册（华嘉）

图 3.24 伦敦建筑

图 3.25 有关电影戏剧和音乐的调研手册（华嘉）

图 3.26 有关电影的主题调研（胡纯珂）

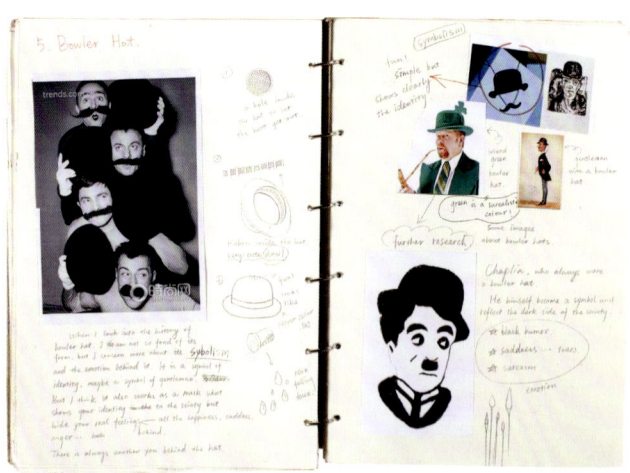

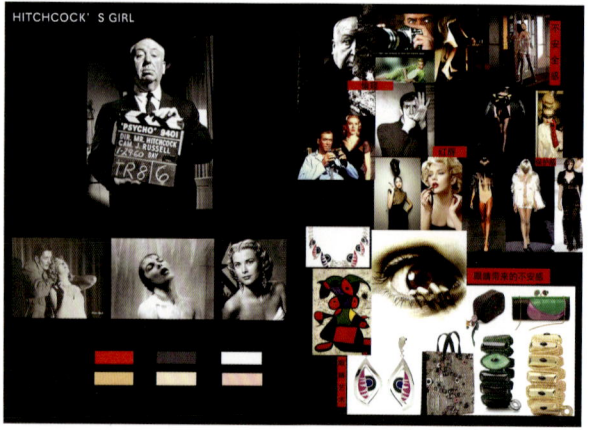

27

28

四、设计方法

服装有流动的软雕塑之美称，服装设计师如同雕塑师，在三围的人体上，从设计主题出发，运用各种设计元素，创造各类款式新颖的服装艺术作品，而这种服装美的创造过程，必然要遵从美学的基本原理和一定的设计思维方式，才能将各种造型元素整合形成和谐统一的服装设计作品。

（一）设计美学

设计美学主要是指客观事物和艺术形象在形式上的美。音乐的曲调旋律、绘画的线条色彩、文学的语言结构，无不因为形式美的存在，带给人们各种或亲近或愉悦或感动或亢奋的审美体验。

19世纪德国著名心理学家费希纳（Fechner）将形式美的法则概括为以下9个方面：

1.反复与交替

同一要素的多次出现或两种以上要素的交替出现，会不断刺激人的感官系统，从而起到强调对象的作用，即反复。我们在生活中经常可以看到反复的形式，如自然界四季轮回的永恒反复、秦始皇陵兵马俑整齐划一的反复、电视中反复播放同一个广告的强调反复。在服装设计中，无论是单件的服装造型还是系列的服装设计，反复都是常用的设计手段，如同样的褶皱造型在服装上的反复出现，同一色彩与图案在

29

图 3.27　街头文化
图 3.28　街头和年轻人文化的主题板
图 3.29　带有未来感和科技概念的调研（杨姝）
图 3.30　系列设计中色彩与图案的反复运用香奈儿（Chanel）2016春夏系列

30

服装各部位的交替变化等都会使设计呈现出富于变化又不失整体感的视觉效果（图3.30、图3.31）。

2. 旋律

旋律本身是音乐概念，它是指声音经过艺术构思而形成有组织有节奏的连续运动，它作用于人的听觉，也就形成了不同的旋律感。在音乐或舞蹈艺术中优美的旋律会带给人愉悦的视听享受。在服装设计上的旋律概念，主要是指各种服装设计要素有规律、有组织的节奏变化。其形式主要有两种：一种是形状旋律，一种是色彩旋律。形状的旋律主要是通过点、线、面的运用来实现的。例如波浪形的褶边、放射形的褶皱、服装裁片的层叠、纽扣的排列形式、装饰线及装饰图案的律动变化等。色彩旋律则表现在各种不同深浅，不同颜色的色彩排列，构成色彩的旋律至少要三种以上的颜色反复配合而成，如果只有两种颜色，只能称其为对比，而不能产生节奏。通过旋律的运用会引导视线透过设计，感受服装的连贯性，在视觉效果上产生跳动感和生命感（图3.32、图3.33）。

3. 渐变

渐变是指某种要素逐渐的，有规律的循序变动，它会产生节奏感和韵律感。渐变是一种符合自然发展规律的并在自然中大量存在的现象。如自然界中物体的空间透视现象，动植物的生命历程，彩虹的色彩渐变等。渐变的形态在

图3.31　面料肌理的反复
图3.32　以渐变色彩的布条回旋盘绕构成的旋律（Camini Fasano）
图3.33　系列设计中曲线的旋律——埃米利奥·璞琪（Emilio Pucci）2024早春系列

服装设计中带给人们优雅而平稳的美感。各种造型元素如图案、装饰线、分割线、褶皱等的大小、疏密、粗细、距离、方向以及色彩的色相、纯度、明度都会达到渐变的优美效果(图3.34、图3.35)。

4. 比例

比例是物体的局部与局部,局部与整体在大小分量、长短尺寸等因素上的对比关系。比例美是人们对物体比例协调的一种感受,它能给人以调和的感觉。比例作为一个精确的数学概念,目前国际上公认的,应用最广泛的就是古希腊时代所发现的最著名的"黄金分割",即1:1.618的长度比例关系,这一比例在视觉艺术和服装设计上的应用同样能够取得满意的视觉效果。服装上的比例美主要指在一件服装或一套服装结构中色彩面积的划分、上下衣长短的安排、零部件与服装大小比例等,协调的比例尺度可使服装呈现出令人舒适的视觉感受。但是,经典的比例关系并不是在任何时候都被认为是时尚的,流行就是在正统、传统、替代、挑战之间徘徊,很多不按常规比例的服装设计风格有时也同样会受到消费者的青睐(图3.36)。

图3.34 装饰的渐变——维果罗夫(Viktor & Rolf)2024春夏系列
图3.35 渐变的色彩设计——莫斯奇诺(Moschino)2022早秋系列
图3.36 比例(赵彤)

5. 平衡

平衡原指在力学上的重量关系，两种以上的要素相互取得均衡的状态称为平衡。在造型设计中则指形态要素在大小、轻重、明暗、质感与量感上求得的视觉平衡。平衡可分为对称与均衡两种伏态。

对称在服装设计中运用得最广泛。由于人体本身是对称的，对称结构的服装会给人以自然、舒适、庄重的心理感受。同时由于人体通常会处于运动状态，从而弥补了对称造型本身所带来的呆板感（图3.37）。均衡是一种非平衡的状态，一般通过变换形态的位置、调整空间，改变面积等手段在不对称中通过微妙的变化，求得视觉量感上的平衡。在服装设计过程中，门襟和纽扣位置的改变、装饰手段的运用、主体色彩与配件色彩的呼应与穿插等均能达到均衡效果，相比对称而言，均衡的运用能够使服装显得更加丰富和多变（图3.38）。

6. 对比

将性质相异或截然不同的要素并置在一起，就形成对比。对比的双方由于相反性质的存在而产生强烈的差异性，使两者的个性更加鲜明，形成强烈的视觉刺激感。对比是一种变化效果，变化的特点是生动、活泼、有动感，在服装设计中，如果没有变化，就没有独特的个性，服装造型的对比、色彩的对比、材质的对比等都会对设计起到强化作用。但是，由于服装造型、材料、色彩的多样性，彼此之间存在相互矛盾、相互对立的现象，如果变化手法运用不当或过多地运用对比手法就会给人杂乱无章的感觉，因此，追求对比的变化一定要在统一的前提下完成（图3.39）。

37

38

39

图3.37 对称设计的短夹克（Closed）
图3.38 不对称的均衡图案针织服装设计——苏珊娜（Susana）
图3.39 不同色彩和面料肌理的对比（Yeashin Kim）

7. 调和

造型要素之间在质和量上保持一种秩序和统一感，会使人产生心理上的愉悦和放松，这种状态称为调和。服装是立体的造型，服装的美是由多种元素组合在一起所形成有秩序感和统一感的整体美。在设计过程中调和的形式美涉及到服装风格、整体结构、局部结构、工艺手段、装饰手法、色彩搭配等有关服装的各个角度和层面（图3.40）。

8. 强调

强调是服装设计中经常使用的设计手段，设计中通过色彩、图案、工艺、材料、配饰等设计要素的"强调"，聚焦人们的视线，展现服装的独特魅力（图3.41）。

9. 统一

统一是指性质相同或类似的形式并置在一起，造成一种一致的或具有一种趋势的感觉。建筑中相称的比例、音乐中和弦的音调、文学中一致的结构都体现了统一的形式美特征，它是形式美法则的最高层次。服装设计中的统一性通常表现在整体与局部样式的统一，装饰工艺的统一，附件的统一，配色的统一以及色彩、造型、材料三者的统一（图3.42）。

图3.40 服装材质与肌理的调和——巴尔曼（Balmain）2023度假系列
图3.41 以变形和夸张的手法强调服装领口的装饰效果——维果罗夫（Viktor & Rolf）2022春夏高定系列
图3.42 色彩、图案统一与变化——亚历山大·麦昆（Alexander Mcqueen）2009秋冬女装作品

（二）设计思维

设计思维是进行设计时的构思方式，它以调研资料为基础，是创造性设计的开始，更是生成设计最初的突破口，很多设计中的"独辟蹊径"都与设计之初的思维活动密不可分。

1. 正向设计思维

正向设计思维是一种常规的设计思维形式，其最大的特点就是直接发现问题，并按照一定的模式去分析和解决问题。例如设计具有乡村风格的服装，脑海中就会出现田园而具诗意的乡村休闲印象、舒适宽松的造型特征、温和朴素的色彩以及天然材质面料等，然后在这个范畴内进行设计（图3.43）。在进行礼服设计时，就会想到使用体现女性优美曲线的造型，华丽而昂贵的丝绸类面料，奢华的细节装饰以及精致的珠宝配饰等设计元素（图3.44）。正向思维是设计中最常使用的思维方式。

图3.43 正向设计思维，田园设计风格服装——艾绰（Etro）2023春夏系列
图3.44 正向设计思维——迪奥（Dior）2024秋冬系列

43

44

2. 变异设计思维

变异设计思维也称逆向思维，是将事物的状态和特性推到反面或极限，从对立的角度思考和分析问题，以寻找事物中新视点的思维方法。在潮流不断更替的时装界，变异思维的设计方式是设计师突破常规模式求新求变、独树一帜的最好思维途径（图3.45~图3.47）。设计师的逆向思维不仅可以丰富服装设计的内容，同时也为设计师个性发展提供了广阔的空间。法国设计师让-保罗·高缇耶（Jean-Paul Gaultier）以放荡不羁的性格而著称。他打破了T台表演由时装模特走台的传统。采用日常生活中高矮胖瘦不同的人作为模特，使T台充满了真实的生活气息，这也是设计师对时装界反主流设计的重要突破（图3.48）。

图3.45 对服装材料与工艺的变异思维，山本耀司（Yohji Yamamoto），1991年
图3.46 变异设计思维，"eating shoes"，对制鞋材料的变异，熊谷登喜夫（Tokio Kumagai），1984年
图3.47 变异设计思维——人台是服装制作过程中最常用的工具，将包裹在人台上的褐色亚麻面料剥落下来，剪裁成马甲，面料上所留存的"42""semi couture"等字样说明了面料的原始功能，时装工业所刻意隐藏起来的东西，成为服装审美的重点。马丁·马吉拉（Martin Margiela），1997年
图3.48 变异设计思维——让-保罗·高缇耶（Jean-Paul Gaultier）2010秋冬系列

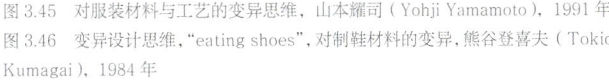
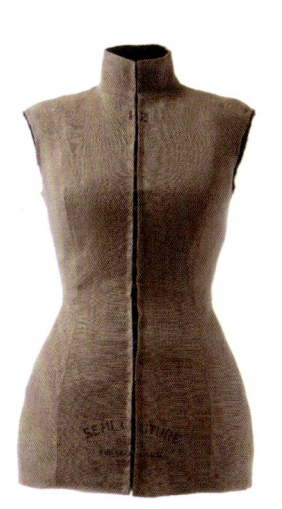

3. 发散设计思维

发散思维方式是根据事物与事物之间相互联系的规律，从一个事物出发，跳跃性地联想出多种信息点的思维方式。在发散性思维中，设计师可以在事物自身领域内进行横向或纵向的比较思考，也可以从交叉的领域通过联想而获得灵感。发散思维方式可以开阔设计师的思路，在主题设计中以点带面、举一反三，从更宽广的范畴创造新的艺术作品。当今时装界很多设计师的作品都流露出发散思维方式的创意痕迹。荷兰设计师艾里斯·范·荷本（Iris van Herpen）以3D打印技术颠覆了人们对时装的认知，她的2021春夏高定线上发布以"Roots of Rebirth"（新生的根脉）为主题，包括植物膜、微生物、化石、鳍、声波和外骨骼到晶体结构、生物勘探、震荡粒子、银河想象、数据尘埃等各类构筑自然与生态的形态与现象都成为设计师的灵感启示。作品将古老的手工艺与高科技糅合，以理性思维描述了动态之美（图3.49）

图3.49 发散设计思维——艾里斯·范·荷本（Iris van Herpen）2022早秋高定系列

4. 无理设计思维

无理设计思维是打破思维的合理性，通过不合理甚至没有道理的思考，改变事物原有形象，使人们看到更加有趣的设计，从而创造一种新奇的意境。这种思维方法往往会帮助设计师探索时装的新形式，促生出很多后现代主义的前卫设计。被时装界称为先锋艺术接班人的候赛因·卡拉扬（Hussein Chalayan）就是无理思维方式的典型例证，在他的作品中表现出的是超越新奇的概念。在卡拉扬最著名的2000冬装系列"Afterwork"中，椅子被折叠起来放进衣箱里，咖啡桌和椅套都可以神奇地变换成裙子，"家"与服装浑然天成地合二为一（图3.50）；而荷兰的著名设计师组合维果罗夫（Viktor & Rolf）则以天马行空的边缘设计风格在设计界独树一帜，他们的设计创意游走在艺术和时装设计之间，设计作品中充斥着概念性的和顺覆传统的设计理念（图3.51）。

图3.50　无理设计思维——候赛因·卡拉扬（Hussein Chalayan）2000秋冬系列

图3.51　无理设计思维——维果罗夫（Viktor & Rolf）2005秋冬系列

五、设计要素

服装是由造型、色彩、材料、工艺4个基本要素组成的，服装设计如同构成一样，是通过一定的设计思维方式，运用美学原理，以各种崭新的方式将这些服装要素进行不断地混合与搭配，从而创造出新颖时尚的服装产品。作为服装设计师，在设计中一般会侧重于某一要素的运用，同时还要协调要素与要素之间的关系，而运用与协调要素间关系的过程，也就是服装设计的过程。

（一）造型

所谓造型，就是服装所呈现的立体状态。它是根据不同的审美需要及设计尺寸的要求，将面料裁剪成点、线、面（条块）等不同形状的衣片，并用特定的缝制加工技术拼接而成的立体形态。这些衣片间的拼接关系构成了服装的结构，由于结构的不同，产生了纷繁复杂的服装造型。依据服装的这些表面形态和内在规律，可以将服装造型概括为外部廓型和局部造型两大类，两者之间相互关联，互为一体。

服装的造型结构变化在服装发展演变的过程中起到决定性作用。纵观中外服装发展史，每次服装造型的变化都会带来服装风潮的巨大改变，时尚的循环也往往会集中在某一特定的造型上。了解和掌握服装的造型变化可以帮助设计师更好地把握流行的趋势，提高自身的设计素养和设计能力（图3.52）。

1. 基本廓型

服装的廓型是指服装的外部剪影轮廓，是服装造型设计的基础。服装是三维的立体形态，通常在审视服装的细节、面料和结构之前，我们首先看到的是服装的外轮廓，外轮廓成为影响服装整体变化和视觉印象的关键环节。服装以人体为中心，服装廓型的变化以人体结构为基本依据，通过对肩、胸、臀、胯、摆这几个支撑服装的关键部位的造型和掩饰，可以形成不同形状的服装廓型（图3.53、图3.54）。在西方服装发展史和现代服装设计中，经常以几何字母来描述服装的廓型，这种命名服装轮廓的方法是由法国时装设计大师克里斯汀·迪奥（Christian Dior）首次推出的。最基本、最常用的6种形态是H型、A型、V型、X型、T型和O型（图3.55、图3.56）。

图3.52　20世纪女装廓型的发展与演变

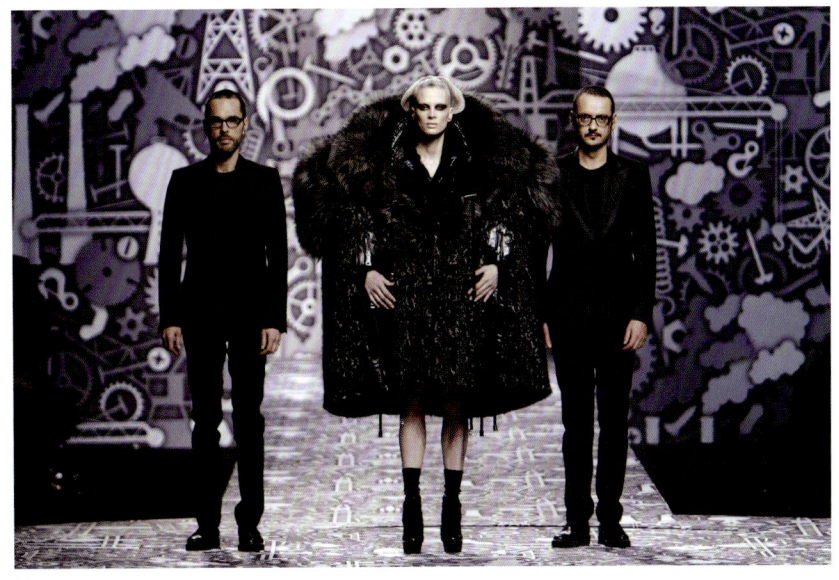

图 3.53 维果罗夫（Viktor & Rolf）2010 年秋冬女装发布中如建筑般廓型的大衣。实际这件宽大外套里面叠穿了半数发布会的衣服，在走秀的过程中被设计师一件件地脱下来，穿在其他模特身上

图 3.54 川久保玲（Comme des Garçons）1997 年作品

图 3.55 服装的基本廓型（吴栩茵）

53

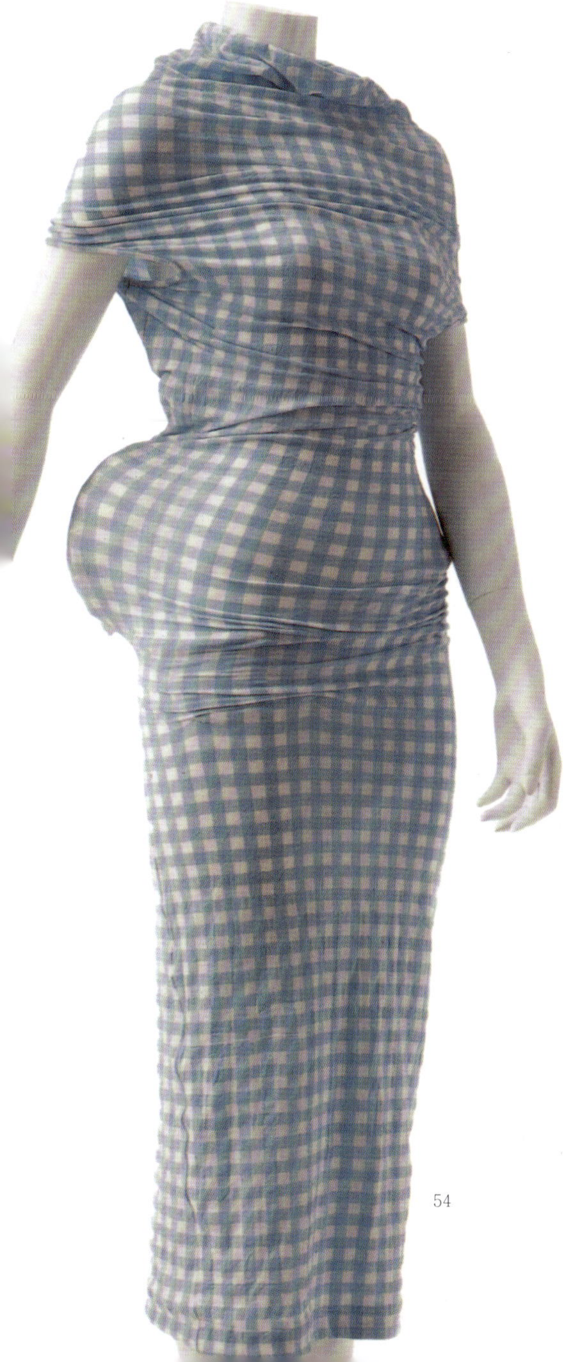

54

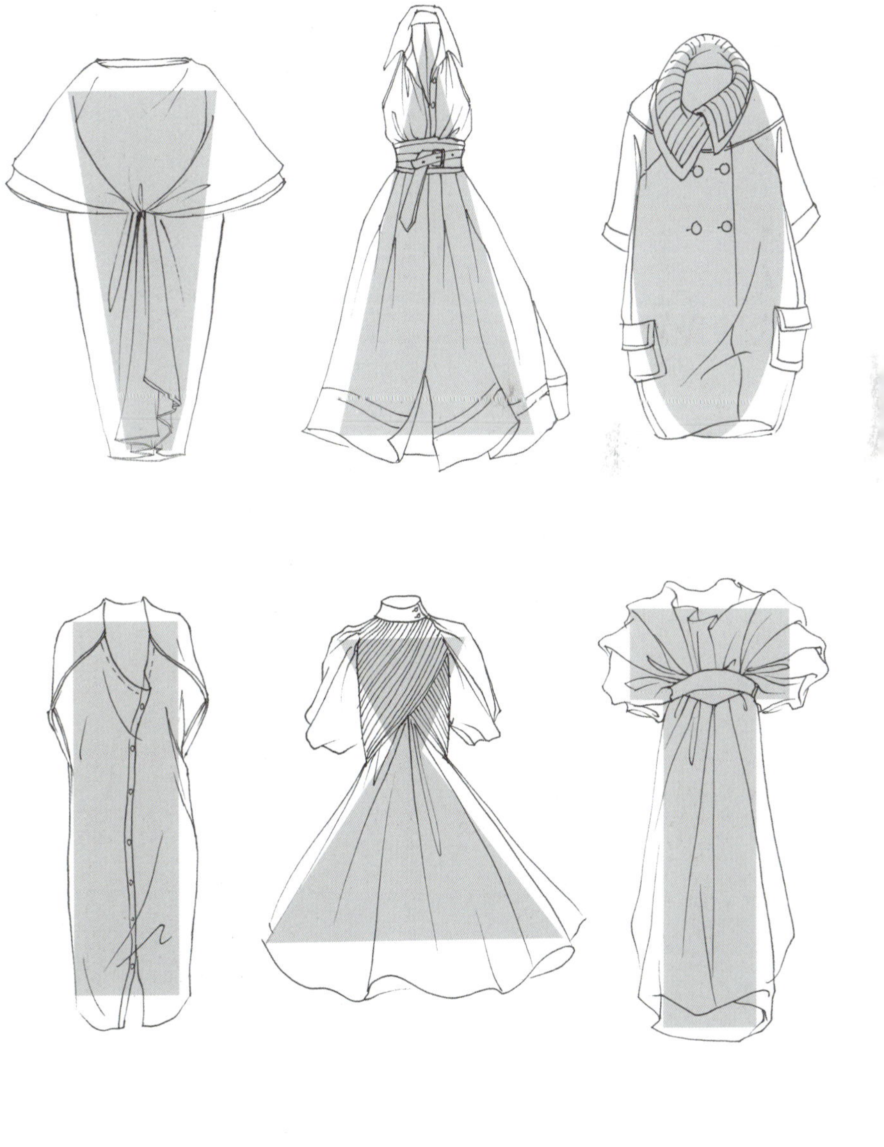

55

廓型由不同的线组合而成。线作用于人的心理，表现为：垂直线修长、权威、坚定；水平线安定、平稳、端庄；斜线活泼、具有运动感；曲线柔和、优美饱满。线的这些特点必然对廓型产生影响，并构成廓型的风格。

O 型　　　　　　　　　V 型　　　　　　　　　A 型

H 型　　　　　　　　　X 型　　　　　　　　　T 型

图 3.56　服装廓型

（1）H型：H型的主要特征是胸部、腰部、臀部的围度接近、整体呈现顺直流畅的直线造型。

（2）A型：A型主要特征表现为服装的肩、胸部位较为合体，下摆逐渐打开，整体呈现金字塔式的造型。

（3）V型：V型主要特征是通过夸张的肩部设计和内收的下摆呈现上宽下窄的倒三角形造型效果。

（4）X型：X型主要特征是肩和下摆向外扩张，强调腰部的收紧，突出胸和臀的丰满，具有明显起伏变化的女性身体曲线特征。

（5）T型：T型从衣袖宽大的袍服到通体直畅的马褂，再到现代服装中蝙蝠袖、T恤等，T型服装在中国历史上被广泛使用。宽大、放松、自然、随意是此类服装造型的主要穿着特点。

（6）O型：O型主要特征是在肩部、腰部和下摆处没有明显的棱角，特别是腰部线条松弛，不收腰，整个外形由弧线构成，比较饱满圆润。

2. 局部造型

服装的局部造型指与服装主体相配、相关联的零部件设计，并与主体造型一起构成了完整的服装造型，主要包括衣领、袖子、口袋、腰部、门襟等。服装的局部造型最具装饰性和表现力，在服装造型设计过程中，一方面要考虑到局部造型所特有的服用功能，另一方面要注重局部与整体造型之间所呈现的主从关系，与服装整体风格保持一致，以局部造型来丰富和强化服装的整体造型效果。

（1）衣领的设计

衣领是服装整体造型的视觉中心，是设计者最能发挥创造力，制造闪光点的服装部位。衣领的设计在变化上非常丰富，款式繁多，通过改变领型，可以给服装以全新的视觉效果。但是，由于不同的衣领具有不同的形式美感，在设计过程中，必须依据人体的颈部形态，结合服装的功能需求和审美需求综合考虑。第一，衣领的设计是以人体的颈部形态为依据的，人体的颈部形状是一个不规则的圆柱体，上细下粗，从侧面观察略向前倾，颈部的这种特征决定了领子成型后的锥形外观特点；同时，衣领的设计在结构上要参照颈后中点、肩颈点、肩端点、颈窝点这4个人体颈部的基准点（图3.57）。第二，衣领的造型还必须考虑特定环境和特定需求下的服用功能。如在夏季服装的设计中，以透气散热、调节体温为目的，常采用无领的设计；羽绒服的领型设计，则以封闭式、高领型为主，以最大限度地防风保暖为目的。第三，衣领的造型千变万化，在外观的形式和内部结构上都存在着差异，设计中必须考虑到衣领的造型与服装整体造型风格的和谐统一，以体现服装的整体美感。根据衣领的基本结构和形态特征，可以将领型分为四大类：无领、装领、连衣领、组合领。

1）无领

无领以服装领口线的形状作为领型，是最简单、最原始的衣领形态，多用于夏装、礼服、内衣、休闲装的设计中。根据直开领和横开领的增量和形状处理，可将无领划分为圆领、方形领、一字领、V形领、船形领等。在工艺处理上可以采用滚边、镶绣、褶皱、镂空等装饰手法对领口线部位进行装饰。

2）装领

装领是指领子与衣片分开裁剪，缝合连接而成的领型。在结构设计上，直开领和横开领的增量，决定了装领与人体颈部的合体性。根据结构特征装领可分为立领、翻驳领、翻折领、平领等。装领的外观变化丰富，领座的高度、领宽、翻折线的特点，领外边缘线的造型以及领尖、领面的装饰等因素都会对装领的形式美感产生影响。

3）连衣领

连衣领的特征从外观上看很像装领，但在结构设计上与服装主体造型之间没有连接线，主要通过前后收省、打褶等工艺手段得到符合颈部结构的领型。连衣领的造型含蓄、端庄，常用于女性套装、冬装大衣和时装设计中。但由于连衣领在工艺结构上的局限性，领子的造型不能过高，宜采用较硬挺的面料结合各种工艺手段以达到理想的设计效果。

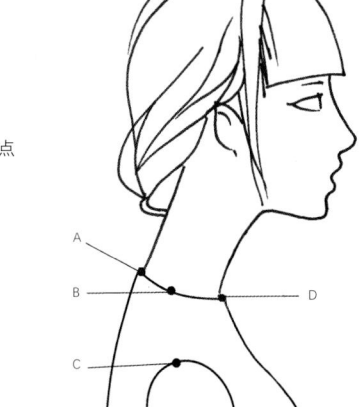

图3.57　衣领设计的基准点（李泽菡）

4）组合领

组合领是由两种或两种以上的领型组合变化而成的新颖独特的领型。在现代服装设计中，领子的变化复杂而丰富，组合领就是围绕以上三种基本结构的领型做展开、放大、组合、变形等处理，从而产生领型结构与空间的变化。例如：立领与驳领组合成为立驳领，扩展翻领的功能，将领子变化为披肩、帽子、围巾等形式（图3.58）。

（2）衣袖的设计

衣袖是服装整体造型的重要组成部分。手臂是人体中运动幅度最大、变化范围最广的部位，衣袖以筒状为基本形态包裹手臂。衣袖的设计既要讲究装饰性，同时还必须要考虑到服装的功能性。衣袖在结构上根据人体肩部、臂部的自然形态及运动规律而设计，在造型上主要取决于袖山、袖身、袖口三部分。袖山是指袖子和袖窿缝合部位的弧线，袖山的结构设计主要解决服装与人体侧面的吻合关系，袖山的大小应与衣身的袖窿相对应。在进行衣袖结构设计时，有时也会人为地改变这种对应关系，如夸张袖山的高度形成泡泡袖等。袖身主要指袖山到袖口的一段筒形。人体的手臂为自然前倾的状态，袖身的设计必须在满足这一适体性的基础上进行造型设计，如夸张肘部以上的袖身部分，形成上松下紧的羊腿造型，或夸张肘部以下的部分袖身，形成喇叭造型。袖口的设计是袖子整体造型不可忽视的重要部分，袖口的设计必须在适体性和可穿脱性的基础上考虑其装饰性的细节变化，同时注意与整体设计的和谐。

图3.58 基本领型变化（李涔菡）

衣袖的变化，无论在外观形态和内部结构上都存在着各种各样的形式，为了便于理解，对衣袖做如下分类：

A.依据衣身与衣袖的结构关系分为装袖、连身袖、插肩袖（图3.59）。

B.依据构成衣袖的裁片数量分为单片袖、双片袖、多片袖（图3.60）。

C.依据衣袖的长度分为无袖、盖袖、短袖、五分袖、七分袖、腕上袖、长袖等（图3.61）。

图3.59　衣袖按装接方式分类（李泞菡）
图3.60　衣袖按构成袖子裁片分类（李泞菡）
图3.61　衣袖按袖子长度分类（李泞菡）

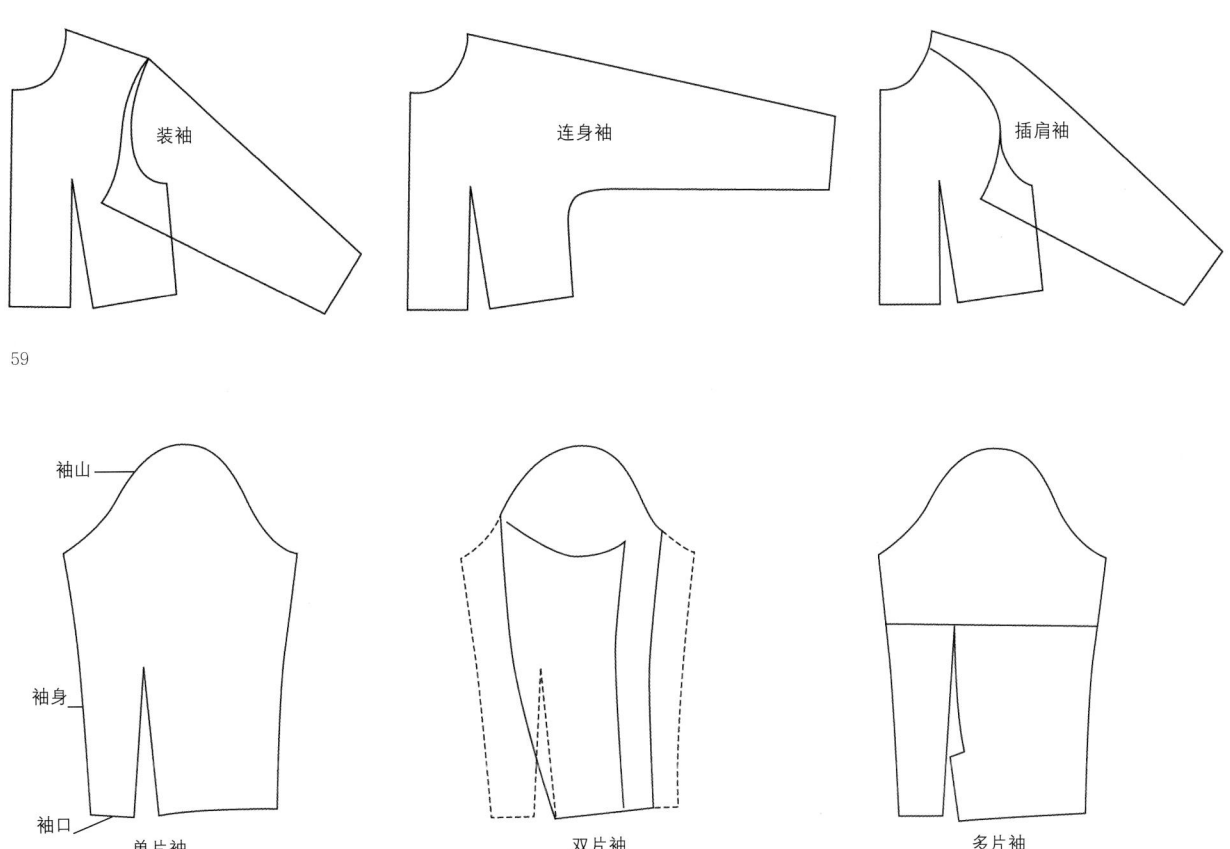

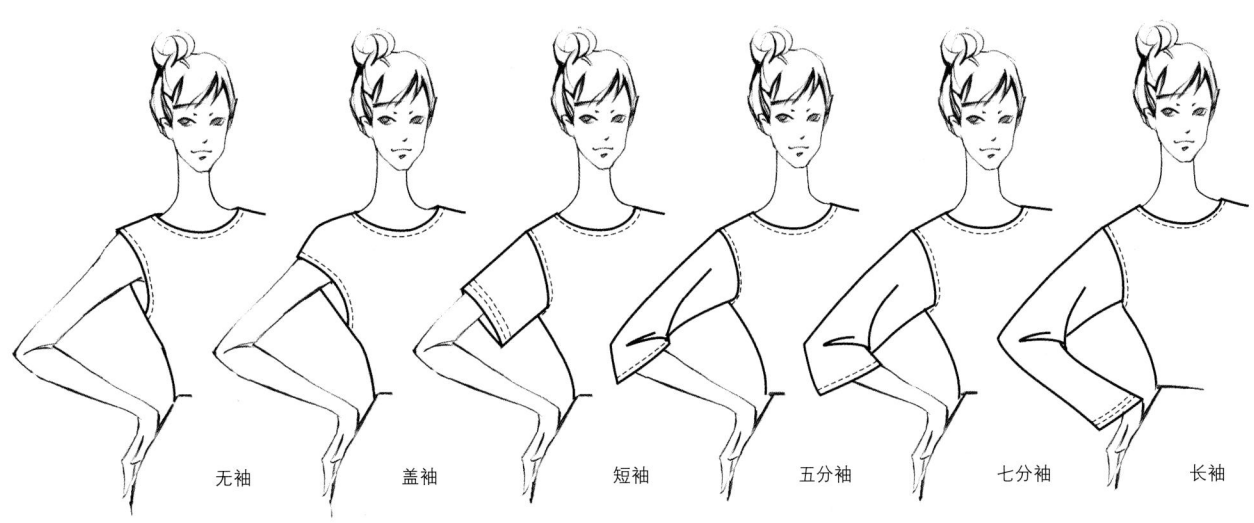

D. 依据衣袖的外观样式分为喇叭袖、灯笼袖、蝙蝠袖、和服袖、肩章袖、可调节袖、荷叶袖等。袖口的构成形式主要有外翻袖口、襻带袖口、荷叶袖口、衬衫袖口、纽扣袖口、罗纹袖口、装饰袖口、拉链袖口等（图3.62）。

在衣袖的设计中，可依据不同的服装风格、不同时期的流行趋势，在与服装主体造型相协调的基础上，将不同的袖山与各种造型的袖身、袖口或长度不同的衣袖组合搭配，设计出千变万化的袖型。

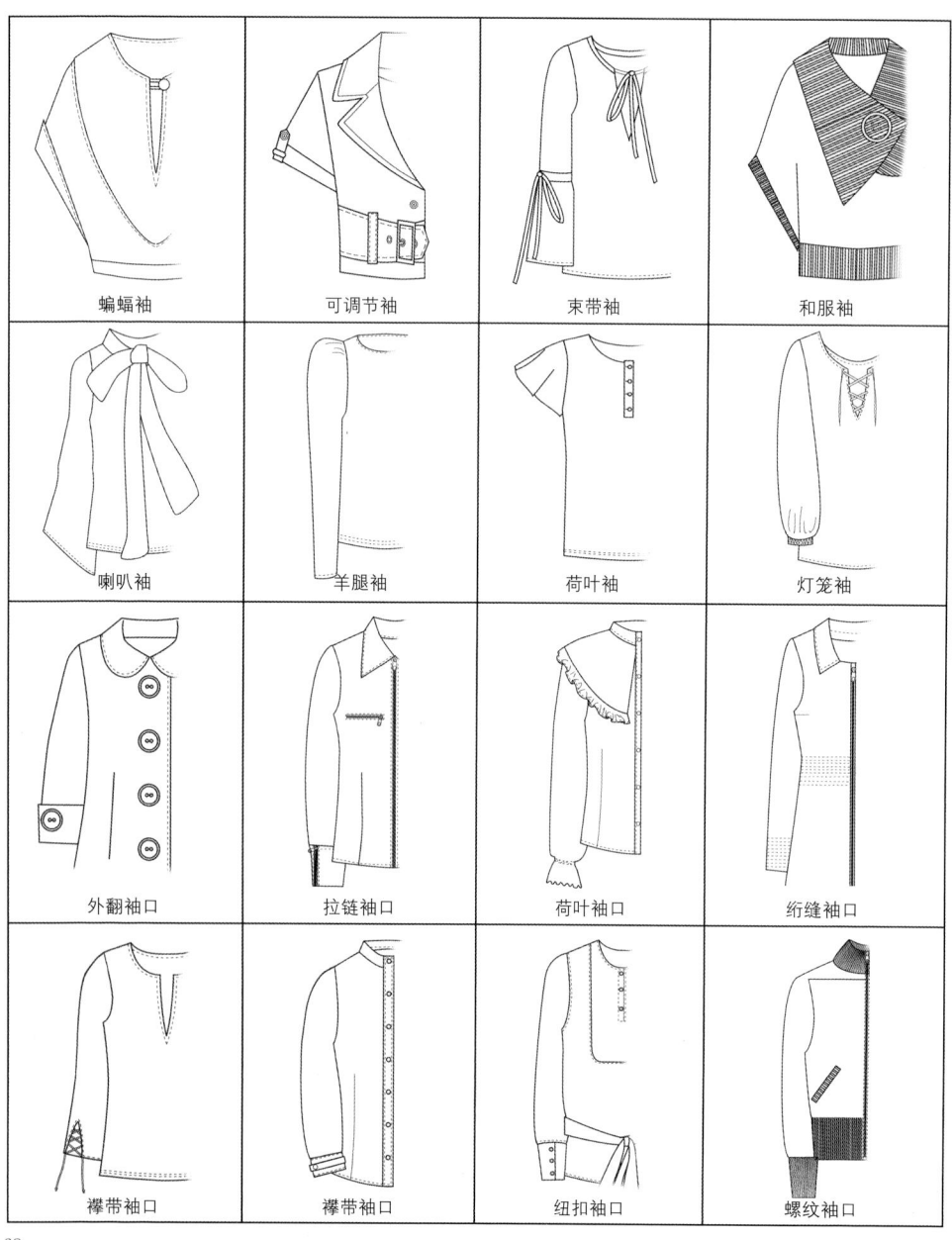

图 3.62 袖子与袖口造型分类（李泠菡）

(3) 口袋的设计

口袋是服装的基本部件，大多数的口袋都具有实用功能，现代生活中需要的很多用品诸如手机、钥匙、零钱等都需要放在口袋中随身携带。口袋依据结构特点可以分为贴袋、插袋、挖袋、里袋、假袋。口袋变化丰富，设计中可以根据在服装上的不同位置、结构、形状、大小、材质综合考虑。例如：口袋是外套和夹克的基本细节，设计时就必须要考虑到它的功能性、安全性以及口袋的位置，同时，口袋风格还需要与外套或夹克的其他细节互相协调。在衬衫和罩衫的设计中，口袋更多的则是装饰功能，在注意口袋在大小、风格以及位置变化的同时，功能性用途已经降至最小，因为衬衫和罩衫一般会采用薄型织物，所以太大或太小的东西都会使衣服下坠而影响穿着的美观性（图3.63）。

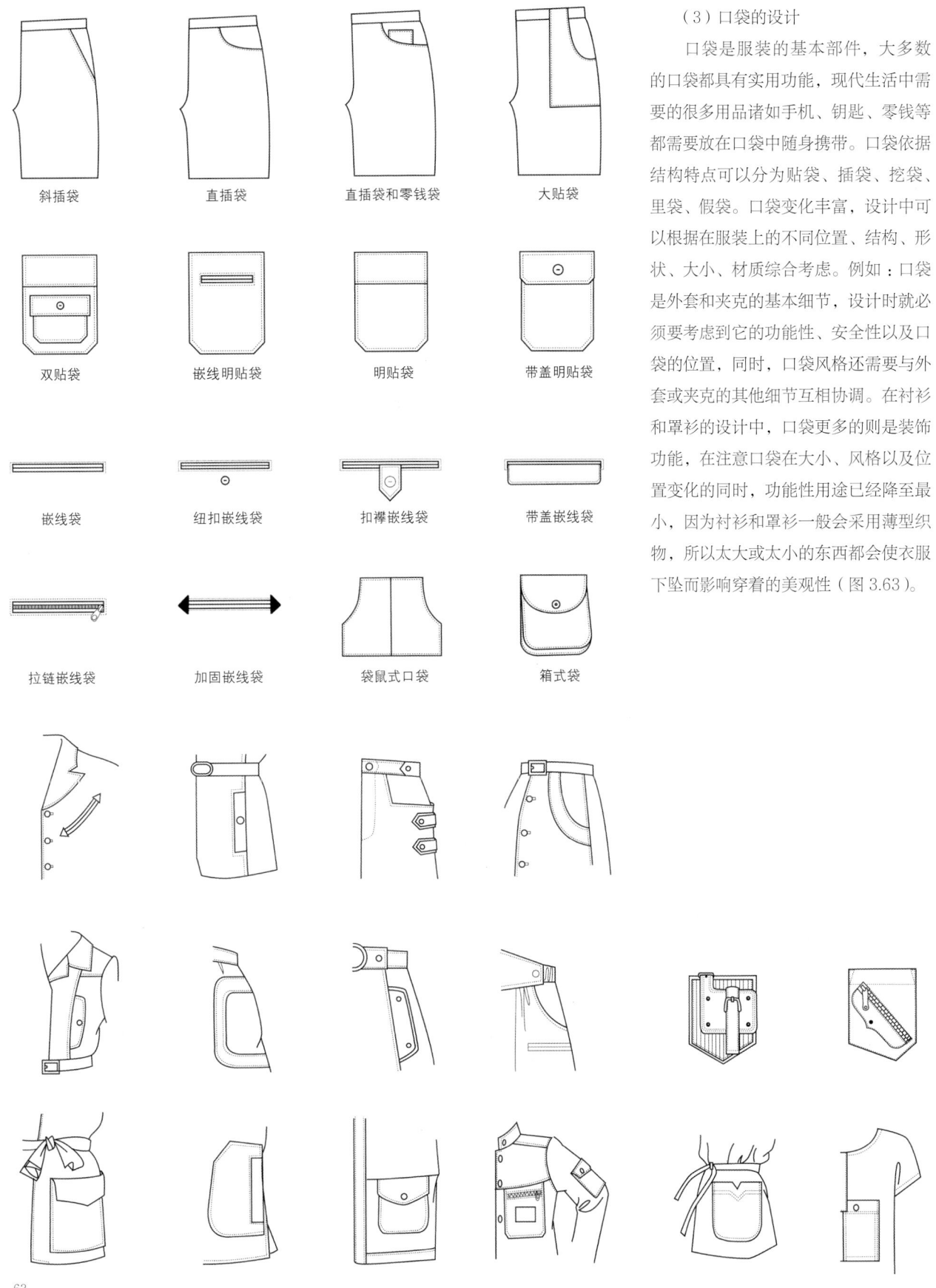

图 3.63　口袋的基本造型（李泞菡）

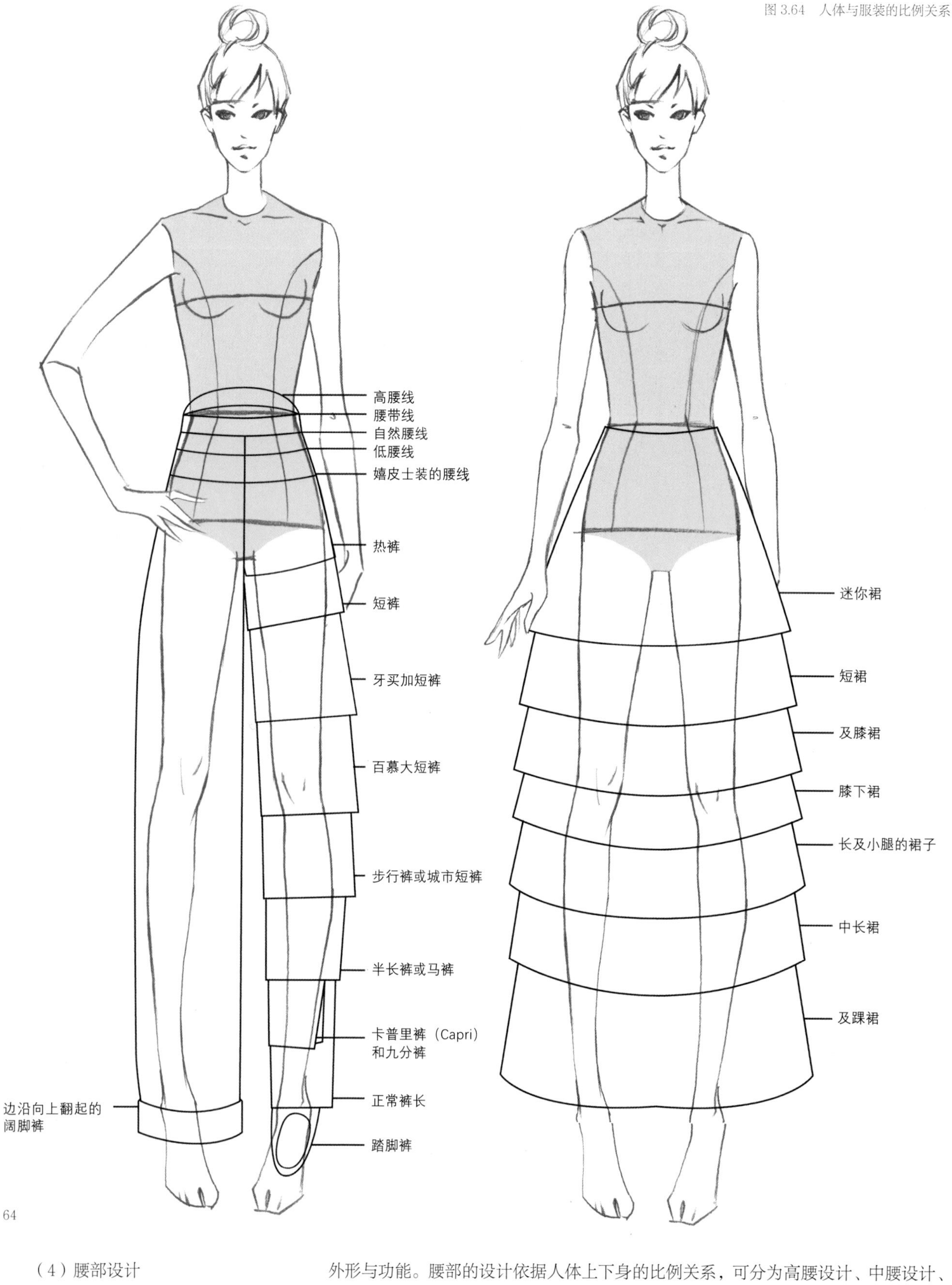

图 3.64 人体与服装的比例关系（李泞菡）

左图标注（自上而下）：
- 高腰线
- 腰带线
- 自然腰线
- 低腰线
- 嬉皮士装的腰线
- 热裤
- 短裤
- 牙买加短裤
- 百慕大短裤
- 步行裤或城市短裤
- 半长裤或马裤
- 卡普里裤（Capri）和九分裤
- 正常裤长
- 踏脚裤
- 边沿向上翻起的阔脚裤

右图标注（自上而下）：
- 迷你裙
- 短裙
- 及膝裙
- 膝下裙
- 长及小腿的裙子
- 中长裙
- 及踝裙

（4）腰部设计

腰部是上装与下装相连接的部位，大多数的服装腰部起到穿脱和固定的作用，是服装的关键功能部分，因此，服装腰部区域的设计必须同时兼顾款式、外形与功能。腰部的设计依据人体上下身的比例关系，可分为高腰设计、中腰设计、低腰设计三种形式。高腰设计将腰位放在腰节线或以上部位，腰节线的提高，使女性腰臀部产生明显的曲线，下肢显得很修长，呈现出优美、复古的风格；中腰设计在人体的自然腰位，是一种端庄、舒适的款式；低腰设计将腰位下移到臀围线附近，加长了上身，展示了臀部，是颇受前卫时髦青年喜欢的款式（图3.64）。腰部的细

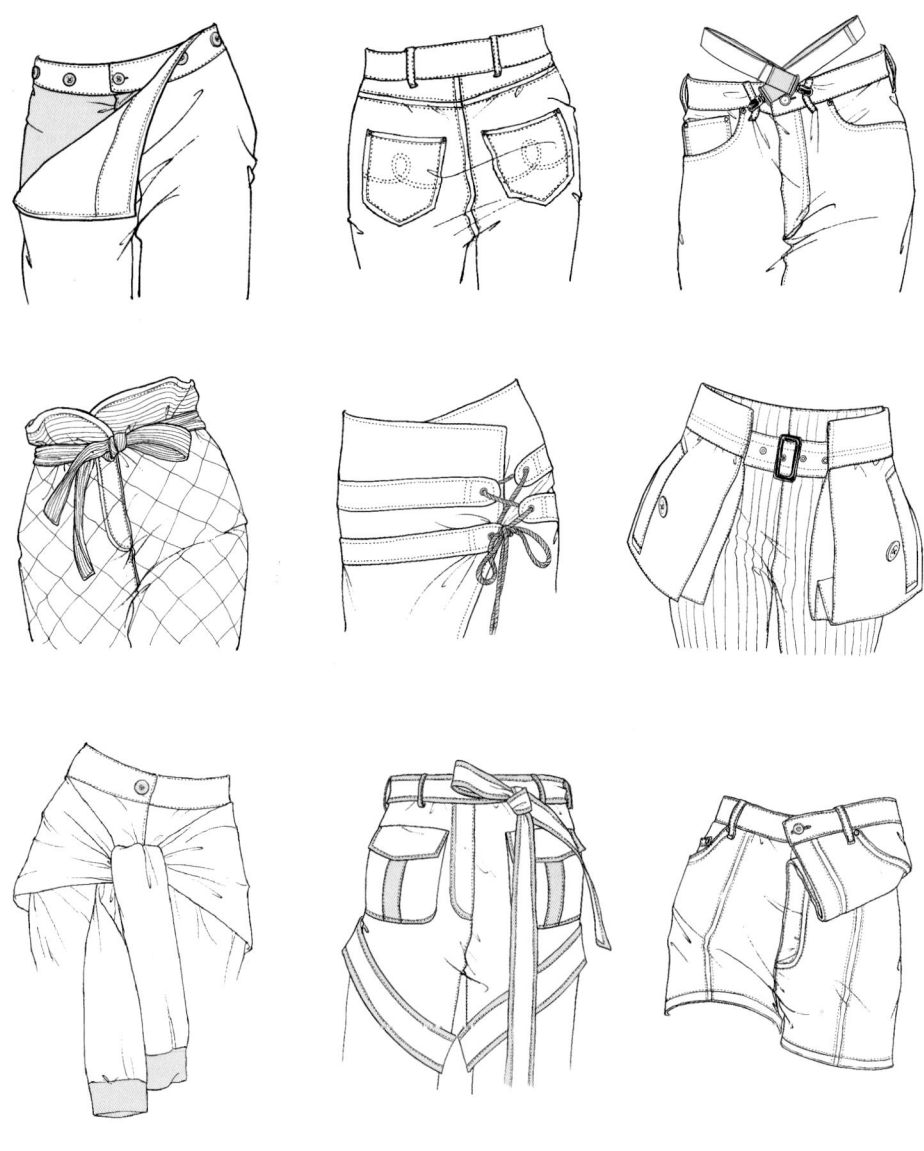

图 3.65 腰节设计(汪子丁)

节设计则可以从流行趋势或传统元素中寻找灵感,使用纽扣、拉链、抽带等变化手段,并采用襻带、打褶、绣花等工艺手法或一些趣味性的设计对腰部进行装饰。

腰头是与下装直接相连的下装部件,是下装设计的重点部位之一,腰头的宽窄和形状直接影响下装的外观效果。另外,作为半裙和长裤的基本结构,腰头设计的舒适性与合体性也非常重要。腰头的设计根据与裤片或裙片的连接关系分为三种形式:连腰、装腰、半连腰式。连腰设计是由裙片或裤片直接连裁并依靠收省或打褶的方法收紧腰部;装腰设计单独裁制腰头,并与裤片或裙身相连接,这种腰头设计合体,腰头形状变化丰富;半连腰式设计即在设计中采用装腰与连腰组合的形式,设计活泼,富于变化(图 3.65)。

(5)门襟设计

门襟在服装整体造型中起到"门面"的作用,其设计必须与服装整体风格保持协调一致。门襟根据服装前片的左右两片是否对称可分为对称式门襟和非对称式门襟。对称式门襟是大多数服装所采用的形式,造型严谨、正式,非对称式门襟的设计灵活多变,多运用于现代服装设计和民族服装设计中。门襟根据闭合方式分为闭合式门襟和敞开式门襟。闭合式门襟采用纽结、拉链、粘扣、绳带等作为连接方式,这类门襟传统、实用、功能性强。敞开式门襟不采用任何连接方式,诸如毛衫、披肩、时尚外套等,造型飘逸洒脱,不拘一格。此外,在门襟的造型设计中,还可以对门襟的形状作设计变化,如曲线形、花瓣形等,并采用刺绣、镶边、明线、打褶等工艺手段对门襟进行装饰(图 3.66)。

图 3.66 门襟设计

3. 服装品类造型

服装的品类主要包括衬衫、外套、夹克、西服、针织衫、裙子、裤子、连衣裙。每种品类的服装都有很多经典的造型，这些经典造型是在时尚的不同周期反复出现并被每一个时尚界人士熟记于心的。虽然这些造型在每个季节会随着潮流的变化，被设计师作一些细微的改变，但是仍能够被人们轻易地识别。这些造型有助于初学者了解服装结构，理解服装基础造型的发展变化，发现流行服装中造型的细节特征（图3.67）。

图3.67　服装品类造型（刘丹妮）

图3.68 古弛（Gucci）2018早春系列
图3.69 以浓郁色彩装饰的西服（Impasse de la Defence）
图3.70 色彩与图案的完美演绎（JOSEPH TURVEY）
图3.71 色彩的功能性——高纯度配色的滑雪服设计

（二）色彩与图案

1. 色彩设计

色彩是一种无声的语言。每天清晨，当我们睁开双眼，感受到的便是色彩带给我们的五彩缤纷、璀璨斑斓的美丽世界。色彩作为一种最大众化的审美形式在现代人的"衣、食、住、行"中占有重要的地位和作用，尤其是与人的着装密切相连的服装色彩，更成为流行与时尚的象征。传达了着装者自身的独特魅力和审美情趣。色彩设计是服装设计的核心要素之一。作为服装设计师，要善于从各种客观事物中捕捉色彩的灵感，充分发挥想象力和创造力，遵循服装配色的形式美感与法则，综合考虑面料质感与色彩的协调关系。色彩的情感象征、实用功能等方面是否符合消费者需求以及社会、民族、文化、经济发展的诸多因素，通过创造性的思维活动，以崭新的色彩构思体现服装的主题与情感（图3.68、图3.69）。

（1）服装色彩的独特性

1）装饰性

服装色彩属于装饰色彩的范畴。其装饰性包括两层含义：第一层含义是将服装本身作为装饰对象，以图案、附属的辅料、配饰来装饰服装表面，赋予服装浓郁的艺术气息。第二层含义以人作为装饰对象，注重色彩与着装者的体态、着衣人的内心、着装环境相协调，色彩"因人而异""因款式而异"（图3.70）。

2）功能性

服装是具有艺术性的实用品，其色彩通过作用于人的心理和生理活动产生丰富的情感，从而具有特殊的功用和效能。例如：登山服或滑雪服多选用高纯度的色彩搭配，以提高辨认度，达到安全对比的作用（图3.71）；我国陆军服的绿色，空军服的蓝色，海军服的白色，都采用接近自然环境的颜色，在战争中可以起到迷惑敌人、隐藏自己的功能。因此，当服装以某种机能性作为设计条件时，色彩设计也要采取与之相适应的手段，使服装整体设计更加完善。

3）象征性

不同的色彩具有不同的性格特征与象征意义，使人产生丰富的联想，是不易褪色的心理映像，如红色代表力量与热情，充满青春与活力，在中国被认为是最喜庆的象征；橙色作为最温暖和辉煌的颜色，给人以明亮、饱满、愉快、幸福的感觉，是黄昏和秋末的主色调；黄色明亮、轻快、活泼，在中国历史上被推崇为最尊贵的颜色，在现代运动装和童装设计中也经常被使用；绿色来自大自然，性格温和，是和平、安全、希望与生命的象征；蓝色是天空与海洋的颜色，表现出透明、理智、悠远、沉静、安全的性格特征，如联合国维持和平部队就因其佩戴蓝色贝雷帽被称为"蓝盔"部队；紫色由红、蓝两色构成，综合两者的性格特点，紫色显示出神秘、高贵、优雅的感觉，在古代罗马紫色被认为是最高贵的颜色。服装色彩从原始到古代再到现代的发展过程中，在某种程度上强烈反映了时代与社会的风貌，涉及与服装相关联的社会、政治、经济、民族、人物、时代、性格、地位等因素。例如，我国西南地区的苗族就是以服装颜色来表征本民族的不同支系，分为青苗、白苗、黑苗、红苗、花苗等（图3.72）。

图 3.72 色彩的象征性——苗族的民族服装
图 3.73 色相环
图 3.74 色彩的属性

73

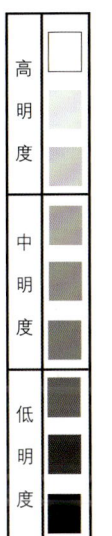

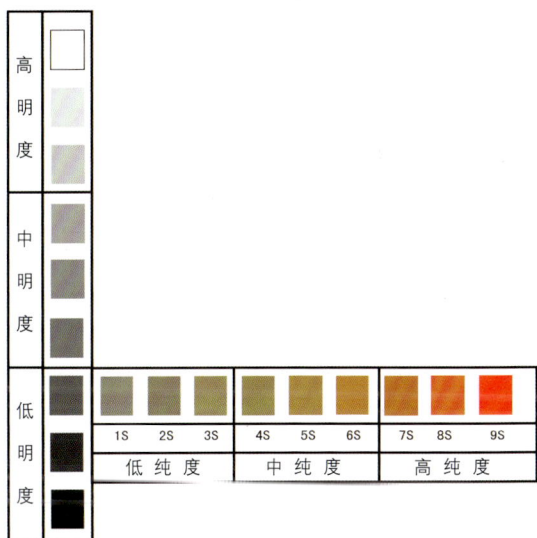

74

作为设计师，应该更多地了解色彩的象征意义，从直接的服装视觉中感受它们不同的内涵，并在设计中恰当地运用。

（2）色彩的基础知识

1）有彩色与无彩色

色彩的产生是由于光照射物体，物体对光产生吸收和反射，反射的光刺激眼睛，并通过视神经传递到大脑，最终产生对色彩的感受。色彩可以分为两大类：无彩色和有彩色。黑、白及深浅不同的各种灰属于无彩色系；而光谱中的全部色都属于有彩色，它以红、橙、黄、绿、蓝、紫为基本色。基本色之间不同量的混合以及基本色与黑、白、灰之间不同量的混合，会产生出成千上万种有彩色（图3.73）。

2）色的三属性

色相、明度、纯度是色彩的三种基本属性，也称为色彩的三要素。熟悉和掌握色彩的三要素，对我们认识和表现色彩极为重要。

色相指色彩的相貌，是色彩的最大特征。光谱色中的红、橙、黄、绿、青、蓝、紫是基本色相。柠檬黄、深黄、土黄、橘黄表明的则为特定色相。

明度指色彩的明暗程度。在以无彩色的黑、白作为两个极端的明度系列中，靠近白端为高明度色，靠近黑端为低明度色，中间部分为中明度色。在光谱色中黄色明度最高，紫色明度最低，橙、绿、红、蓝的明度居于黄、紫之间，这些色相的依次排列，自然呈现出明度的秩序。对于一个色相，通过加黑降低明度，加白提高明度，构成色相的明度秩序。

纯度也称彩度，是指色彩的纯净度或饱和度。当一种颜色加入黑、白、灰或其他颜色时，纯度就会发生变化。凡是有纯度的色必然会有色相感，都称之为有彩色。

色彩三要素之间互相依存，相互制约。掌握三种属性的变化、组合，就掌握了色彩的灵魂，会得到成千上万种不同的色彩，进行服装色彩设计的时候也就变得游刃有余（图3.74）。

 高短调　　　　　　中短调　　　　　　低短调　　　　　　低长调

 中长调　　　　　　中长调　　　　　　中中调　　　　　　中短调

75

（3）服装色彩的配置方法

服装色彩配置必须围绕主题进行，其目的是对所设计服装风格与所要表现情调的准确把握。为创造不同的色彩风格或气氛，在一组配色中会有总的色彩倾向，也就是调性或调子，它要求将色相、明度、纯度综合考虑，不同的配置方法有不同的配置风格，产生不同的配色效果。以下以色彩的三属性为基础，具体分析服装配色的色调配置与配色特征。

1）明度对比

明度对比是将明度不同的色彩并列在一起，明的更明、暗的更暗的对比现象。明度对比可以是一个色相的明度对比，也可以是多个色相因明度的差异而形成的明暗对比。根据色彩的明度秩序，可以划分为 9 种不同风格的明度对比调子：以高明度为主调的对比：高长调、高中调、高短调；以中明度为主调的对比：中长调、中中调、中短调；以低明度为主调的对比：低长调、低中调、低短调（图 3.75）。

高明度调：以高明度为主面积的配色，可以形成一种明快、轻松的色调，常用于夏季服装配色。用高明度色搭配小面积暗色时，就可以形成强烈而清晰的色彩长调对比；而搭配小面积类似明度的颜色时，则形成柔和、优雅的色彩短调。中明度调：以中明度构成的服装主色调中既有鲜艳、活泼的红色与蓝色，也有稳重、含蓄的土黄色与中绿色，不同的搭配会产生迥异的视觉效果。中明度调在配色时若搭配小面积的亮色或暗色，则会产生丰富的层次感，给人留下深刻的印象。

低明度调：以低明度为主色调的配色方法易产生沉静、严肃、忧郁的感情色彩，是冬季服装的常用色。低明度调若只有微妙的明度短调变化，就容易产生沉闷，无生气感，所以低明度调中应适当点缀亮色，形成长调对比，以使整体色活跃，跳动起来。

2）色相对比

色相对比是将色相环上的任意两色或三色并置在一起，因色相的差别而形成的对比现象，称为色相对比。根据不同色彩在色相环上所处的角度不同为

同种色	邻近色	邻近色
		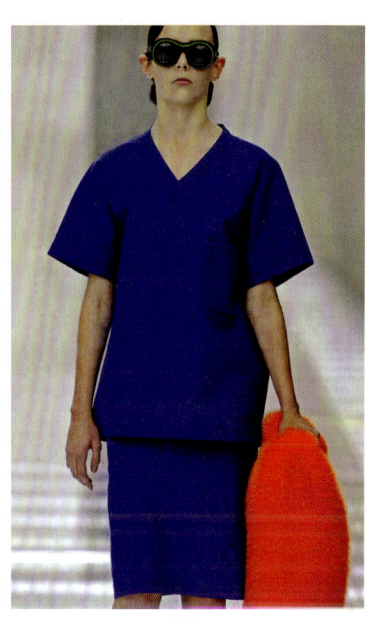
对比色	对比色	补色

图 3.75　色彩的明度对比配置——爱马仕（Hermès）2022早秋系列

图 3.76　色彩的色相对比配置——普拉达（Prada）2011年春夏女装系列

依据，分为同种色、类似色、邻近色、对比色、补色，这五类色彩形成各具特色的对比效果（图 3.76）。

同种色：一个颜色的不同明度或不同纯度的变化。如深绿和浅绿、艳紫与灰紫。这种服装色彩搭配主要依靠拉大明度的层次产生对比效果。由于配色中不包含其他色相，会产生一种静态、含蓄、调和的美感，是服装配色的主要手段。

类似色：色相环上距离 30°左右的色彩对比，也可以理解为一个色相间的冷暖对比关系，如草绿与翠绿、朱红与玫红。这种色彩配置的服装整体感强，但又具有微小的差别，效果柔和、高雅、和谐，但是配置不当的话，会产生呆板感，可以通过服装材料的肌理变化或调整服装的明度差来丰富服装的视觉效果。

邻近色：色相环上距离 60°左右、90°以内的色彩对比。如红色与紫色，紫色与蓝色，蓝色与绿色。这种色彩配置的服装显得丰满、活泼，既有共性的关系，同时又个性鲜明，在运用中可以适当地调整色彩的明度与纯度关系，是服装色彩设计常用的配色手法。

对比色：色相环上相距 120°左右的色彩对比关系。如红色与黄色，蓝色与黄色，紫色与橙色。这种对比效果活跃、醒目，运动感强，是运动装和童装最适宜的色彩效果。但对比色独立性强，令人兴奋、激动，不易统一。在色彩配置中需要调整对比色块的面积以及色彩明度及纯度的变化。

补色：色相环上相距 180°的色彩对比关系，是色相中最强的对比，如红色与绿色、蓝色与橙色、黄色与紫色。配色效果响亮、强烈、眩目、刺激感强。补色具有调节视觉生理与心理的平衡作用，如医生的手术服采用绿色，就是为了调节手术过程中对红色的心理补色。但补色在色彩配置中，如搭配不当，就会表现出幼稚、粗俗、不协调的视觉效果。一般可以通过调整色彩面积，改变色彩的明度及纯度、置入无彩色等方法，取得和谐的色彩效果。

3）纯度对比

纯度对比是将不同纯度的两色并

浊强调　　　　　浊弱调　　　　　中弱调　　　　　中强调　　　　　鲜强调

列在一起，产生鲜的更鲜、浊的更浊的色彩纯度对比现象。色相感越清晰、明确，色彩的纯度越高，反之则纯度越低。根据色彩在纯度上的这一变化，可以将色彩划分为高纯度色（鲜艳色）、中纯度色、低纯度色（浊色）。在纯度对比中，根据纯度之间的差别，又产生了7种纯度调子：鲜强调、鲜弱调、中强调、中弱调、浊强调、浊弱调、最强调（图3.77）。例如，如果画面的大部分色是高纯度色，对比的另一方为低纯度色，形成色彩的强对比效果，即鲜强调。在服装配色中，同样面积的色彩，纯度对比往往不如色相对比和明度对比效果强烈，在服装配色中很容易被忽视。实际上，很多的明度对比、色相对比中都包含着纯度对比。服装中纯度对比的特点归纳如下（图3.78）。

高纯度的鲜艳色调：热情、活泼、华丽、色彩象征明确，最易引人注目。但长时间注视，会引起视觉疲劳，亦可加入适当的灰色来调节。

纯度低的灰色调：含蓄、优雅，视觉上能够持久注视。为打破这种配色的平淡效果，可在大面积的低纯度色中点缀小面积高纯度色，形成色彩的强对比关系，使色彩的鲜与浊更加突出、醒目、生动。

纯度的中对比色调：如高纯度色与低纯度色、中纯度色与低纯度色之间的色彩配置，这种配色效果饱满、浑厚，色彩配置关系安定、和谐，是设计中较易调和的配色关系。

纯度的弱对比色调：这种配色关系相对保守、稳定。特别是低纯度的弱对比关系，更加含混、模糊，需要对色彩的明度和材料的质感加以调节，才能达到既稳定又和谐的效果。

（4）服装色彩与面料

面料是服装的载体，服装色彩只有通过面料才能实现。同样一个色，不同的面料所表达的感情完全不同，面料的纤维材料、材质性能、织物风格等是影响服装色彩美的主要因素，如受纤维成分的影响，同样为棉布，高支纱和低支纱所表现的色感完全不同，前者细腻、光滑，色彩感觉鲜艳，后者粗糙、黯淡，色彩感觉朴素；受面料质感的影响，同样的红色在亚麻布上是热情、粗犷的，在真丝乔其纱上是透明、柔和、迷人的；在皮革上是浪漫、帅气的；从织物风格上看，缎纹组织的面料比其他组织面料的光泽度要好，斜纹面料比平纹面料的光泽度要好，烧毛光洁的布面，色彩感清晰，沙洗、水洗、石磨的面料，色彩自然、陈旧、古朴。服装色彩和面料紧密相连，作为色彩的物质形式，在设计的时候不能只是公式化地照搬色彩的性格，必须以色彩的性格与面料性格的和谐配置为基础，充分利用面料的丰富变化，开拓令人遐想万千的服装配色天地（图3.79、图3.80）。

低纯度的灰色调　　　　　　纯度的中对比色调　　　　　　纯度的若对比色调　　　　　　纯度的中对比色调　　　　　　高纯度的鲜艳色调

78

79

80

图3.77　色彩的纯度对比配置——The Row 2022秋冬女装系列
图3.78　色彩的纯度对比配置——勒梅尔（Lemaire）、范思哲（Versace）2021春夏系列

图3.79　类似的棕红色通过不同肌理的面料搭配，丰富了服装的层次感——勒迈尔（Lemaire）2023春夏系列
图3.80　维果罗夫（Viktor & Rolf）2011春夏女装，以相同色彩不同材质的面料拼接和不对称的夸张造型，演绎了巴洛克的设计风格

A/W 24/25 Key Colours

Introducing our new Key Colours for A/W 24/25. Together, these five hues define the mood of the season, and will have a broad impact across multiple industries.

81（a）

81（b）

81（c）

图 3.81　2023/24 全球色彩趋势（www.wgsn.com）

（5）流行色与流行色色卡

流行色指在一定的时期内、一定的社会范围内，产品中受到消费者欢迎而广泛流传的几种或几组带有倾向性的色彩。流行色广泛存在于纺织、化妆品、家具、食品、建筑中。在室内装饰等诸多产品设计中，其中服装的流行色变化周期最短、最敏感。目前国际上最具权威性的纺织品及服装流行色的研究机构是"国际流行色协会"（Inter Color），发布预测流行色影响较大的刊物是《国际色彩权威》（ICA）。

国际流行色委员会每次预报和发布的春夏或秋冬季流行色一般包括男装色谱、女装色谱和总谱。为适应多方面的需要，流行色一般是由几个色相的多种色彩组成带有倾向性的几种色调构成，通常一个色谱有20~30种颜色。每种色卡分为若干组色：一是时髦色组，其中包括即将流行的色彩（始发色），正在流行的色彩（高潮色），即将过时的色彩（消褪色）。另外，色卡上的文字说明也会进一步帮助我们认识和理解流行色（图3.81）。

使用流行色时，根据设计的主题，可以在时髦、前卫服装中多采用流行色作为主色，以点缀色作为搭配；在传统常用的服装设计中以无彩色和常用色为主色，流行色为点缀，这样既体现流行

图 3.82　苗族服装的刺绣图案
图 3.83　时装中的图案设计
图 3.84　以动物、花卉、人物为题材的具象图案

感，又能使设计适合大多数消费者的审美需求。而在具体运用上，只要能够把握住流行的情调与气氛，设计师完全可以凭借个人主观意愿发挥其对流行色的理解和感受，在保持色相特征不变的前提下，通过流行色彩的明度和纯度变化，分离出更丰富的适合更多消费层次需求的系列色彩。

2. 图案设计

图案是继造型、色彩、面料之后又一重要的服装设计元素。"图案"一词20世纪从日本传入。广义上主要指有关装饰、造型的"设计方案"，狭义上可以理解为针对产品表面的装饰和装饰纹样。服饰图案顾名思义指针对服装及服饰品表面的装饰设计或装饰纹样。图案是设计中非常活跃的一个元素，对美化服装，体现服装装饰功能能起着重要的作用。在现代服装设计中设计师常运用图案来增强服装的艺术性与时尚性。大型的品牌公司对每季服装图案的使用都非常重视，甚至开发独家使用的图案，有些图案更成为某些服装品牌的特殊标识。作为服装设计师，不但要善于设计图案，同时还要善于选择不同风格的图案，将其融入到服装整体设计中，丰富服装的外观效果，体现设计理念的独特性（图3.82、图3.83）。

（1）图案的题材

服饰图案题材广泛，形象千姿百态、包罗万象，主要形式有具象图案、抽象图案和综合图案。

具象图案是模拟自然界形象或客观存在的具体物象，以写实、变化或抽象的造型手法塑造的图案形象。具象图案是设计师对生活的直接把握，花卉、动物、风景、人物、人造器物等都可以成为图案的形象素材，它能够直观地传达和表现物象特征，通常会给人以天然的亲切感（图3.84）。

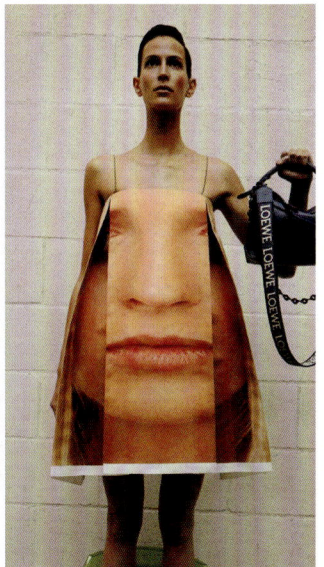

抽象图案以平面构成原理或简单的几何形为基础，通过点、线、面、肌理、色彩等元素的排列组合，在服装上传达一种抽象理念和独特的审美趣味。抽象图案的表现形式非常丰富，包括了几何图案、随意图案、幻变图案、肌理图案等（图3.85）。

综合图案是集自然形态和抽象形态于一体的图案形式，其图案形象复杂多样，设计中可将相关的内容和形态有机地统一在画面中，其整体形象自然随意，不拘一格（图3.86）。

（2）图案的风格

服饰图案的产生和发展有着悠久的历史，从原始社会的"画绩（绘）"到现代科学技术在图案领域中的广泛应用，不同时代的文化、经济、宗教信仰、生活习俗等使各个民族，各个文化圈内形成不同的艺术底蕴，这些不同反映到服饰图案上来，

图3.85 以点、线、面为题材的抽象图案
图3.86 集具象和抽象为一体的综合图案

几何图案

随意图案

幻变图案

肌理图案

85

86

就形成了今天国际纺织品图案丰富多彩的风格流派，这些风格流派是各个民族艺术魅力的集成，具有丰富的感性和理性内涵。例如，巴旦木纹样是新疆维吾尔族装饰艺术中经常采用的纹样，又称火腿纹、佩兹利纹，造型圆润，线条自由灵活，这种最具古典意味的纹样在现代纺织品的提花、印花、刺绣等领域均有广泛应用；友禅是日本印染工艺的专称，友禅纹样主要指各种在和服面料上印染的动物、植物、山水、扇子等纹样，其特征细腻、浓郁、含蓄、高雅，从服饰的角度反映了日本文化与工艺装饰的自然和谐。源于波普艺术（Pop Art）的波普纹样，则是一种来自通俗与流行文化的图案，艺术家们将广告、商标、歌星、影星等大众熟悉的图像，通过拼贴、重复、解构等手法进行艺术创作，拉近了艺术与公众的距离，是消费文化的象征。

现在国际上流行的服饰图案还有：田园风格的莫里斯纹样、大气磅礴的巴洛克纹样、纤巧华丽的洛可可纹样、西方泼墨写意的塔希纹样、带有宗教色彩的埃及纹样、印度纹样、泰国纹样、波斯纹样等，在这里不一一赘述。总之，尽可能地了解服饰图案的风格流派，将有助于设计师将思维向广、博、深的方向发展，在设计中更多地探索和表现图案设计的文化背景和精神蕴涵（图3.87）。

（3）图案的应用形式

服饰图案在服装中的应用，主要有三种形式：点状形式、线状形式、面状形式。

1）点状形式

点状形式表现为图案以局部块面的形式独立呈现于服饰表面，这些图案大多属于单独纹样，具有相对的独立性和完整性，以及集中、醒目、活泼的点状特征。点的应用形式灵活多样，设计师可以自由地在服装的领口、胸前、袖口、裙摆等部位随意设点装饰。一般来说，点状的图案无论装饰在服装的哪个部位，都会成为视觉的中心。

2）线状形式

线状形式是最契合服装款式结构的图案应用形式。图案以二方连续或带状群合的细长形呈现于服装边缘或局部，如领部、袖口、底摆、腰带、口袋边，裤子侧缝、门襟等服装的外轮廓线部位。线状图案能够增加服装的线条感和轮廓感，突出服装的结构，使服装显现出典雅、精致的特征。

3）面状形式

面状形式即"满花装饰"，它以四方连续或面状群合的组织形式呈现于服装表面。面状构成的图案一般都是面料本身的图案，设计师在设计过程中可直接将面料图案转化为服装图案或对面料本身进行创造性的二次设计，使其呈现独特的面貌。面状图案具有张力感和幅度感，设计中会起到扩张人体和服装的作用。

在图案设计中，点、线、面的构成形式可以单独使用，也可以点状、线

图3.87　图案的风格

状或面状形式综合运用在服装上。综合构成的图案应注意纹样分布所形成的中心与边缘，主体与衬托的关系，使服装更加具有层次感和丰厚感（图3.88、图3.89）。

图3.88 图案在系列服装中的应用——亚历山大·麦昆（Alexander McQueen）2023秋冬系列

图3.89 相同题材的图案以点、线、面的形式在系列服装中的应用——霍莉·富尔顿（Holly Fulton）2011春夏系列

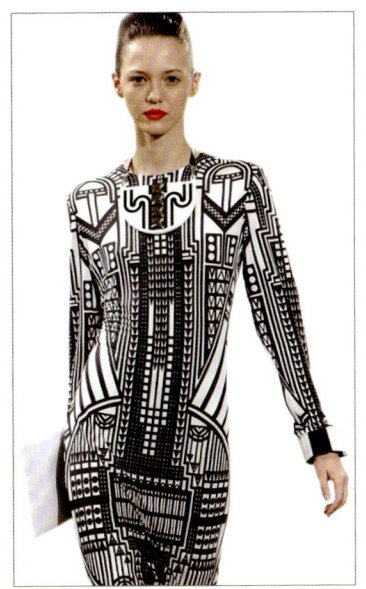

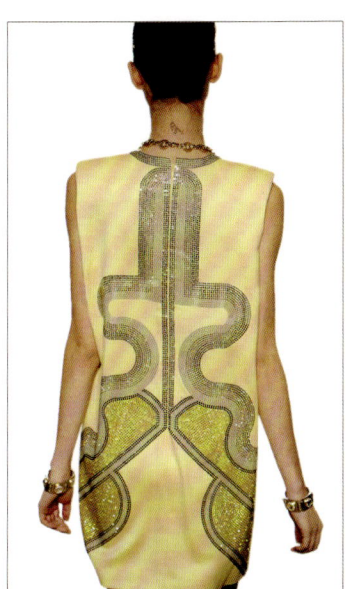

（三）材料

服装材料指构成服装的所有用料。材料对于设计师来说是创造性表现的媒介，是制作服装的物质基础，能否选择适当的面料是设计成功的关键因素。这是因为，一方面服装的造型会受到面料的手感和质地的影响，例如，丝绸面料适合表现柔软飘逸的服装造型，而毛织物则更能够突出服装的结构设计。另一方面，面料选择的合理性还取决于诸如保暖、防污及舒适感等附加功能性因素是否适合服装的实用功能。例如婴幼儿的皮肤娇嫩，所采用的服装材料应具备宽松、保暖、舒适、卫生的特点，另外，在构成服装美的整体设计效果中，一件服装会因为面料与众不同的纱线、结构、质地、手感和印染方式等表面效果而具有独特的魅力，因此对面料外观效果的开发与设计也成为很多设计师对服装进行细节设计的重要手段（图3.90）。

1. 纤维

纤维指细度很细，直径一般从几微米到几十微米，而长度比细度大百倍、千倍以上，柔韧而纤细的物质，如棉花等。在各种纤维物质中，我们将能够用于纺织加工、生产出纺织制品的纤维称为纺织纤维。纺织纤维是纺织面料的基本材料，分为天然纤维和化学纤维两大类。不同纤维的种类、结构、特性以及生产加工工艺，都会对服装面、辅料的成品外观和性能产生影响。了解和掌握纺织纤维的分类、性能和应用，对于服装设计师是十分必要的。

（1）天然纤维

天然纤维指凡在自然界生长形成或与其他自然界物质共生在一起，可直接用于纺织加工的纤维，分为天然纤维素纤维和天然蛋白质纤维两大类。我们将其中常用的棉纤维、羊毛纤维、蚕丝纤维、麻纤维称为"四大天然纤维"（图3.91）。

（2）化学纤维

以天然或合成的高分子为原料，经过化学处理和机械加工而得到的纤维称为化学纤维。根据原料来源，化学纤维分为人造纤维与合成纤维两大类。

图3.90 材质的运用——罗意威（Loewe）2023早春系列
图3.91 天然纤维：按序号依次为——毛皮、皮革、丝绸、亚麻、棉、山羊绒、羊毛、生丝、桑蚕丝、柞蚕丝。

1）人造纤维

20世纪化学工业的发展，使服装材料的发展发生了巨大的变革，人们可以从天然原料如木材、花生、大豆中提取纤维素，经过化学处理与机械加工制成纺丝液再喷丝而成新的纤维，即人造纤维，它的主要品种有黏胶纤维、铜氨纤维、醋酯纤维、大豆纤维、竹纤维、天丝等。人造纤维一般具有与天然纤维相似的性能。

2）合成纤维

合成纤维是以石油、煤、天然气中提炼得到的简单化合物为原料，经过一系列繁复的化学或物理方法加工制成的纤维。合成纤维主要品类有：涤纶、锦纶、腈纶、丙纶、氟纶、氨纶、维纶等。锦纶也称尼龙，是世界上第一种合成纤维，锦纶纤维有着优异的耐磨性和较好的吸湿性，属轻型织物；涤纶纤维在合成纤维中应用最为广泛，涤纶织物的抗皱和保型性非常好，涤纶纤维与其他纤维混纺，可以减少面料的起皱现象，增强面料的手感和洗后易干不变形的"洗可穿"性能，它还具有热塑性，可制作百褶裙，褶裥持久；腈纶纤维有弹性、蓬松、手感柔软而温暖、保暖性能好的特点，其织物具有类似于羊毛织物的质感，有合成羊毛之美称；氨纶具有优异的弹力，又名弹性纤维，氨纶和其他纤维混纺，可使面料具有很好的弹性且不易抻拉变形（图3.92~图3.94）。

92

腈纶90% 　　腈纶60% 　　腈纶60% 　　棉+涤纶　　涤纶47% 　　黏胶55% 　　羊毛50% 　　网状锦纶面料　　涤纶100% 　　羊毛85%
羊毛10% 　　棉32% 　　变性腈纶40% 　　　　　　棉49% 　　涤纶45% 　　涤纶50% 　　　　　　　　　　　　　　　　　　氨纶5%
　　　　　　金属丝8% 　　底纱（涤纶）100% 　　　　氨纶4%

93

94

图3.92　化学纤维面料的西服——苏珊娜·韦博（Susanne Wiebe）

图3.93　丝袜由化学纤维制成——缪缪（MIU MIU）

图3.94　化学纤维与天然纤维混合的混纺布料

（3）新型纤维的研发

随着科技的不断发展，纤维研发向着越来越智能化的方向发展。例如：功能性面料的生产中使用的超细纤维（细度为0.11tex或更细），使面料具有质轻、柔软、防风、防雨及良好的透气性能。同时还可以在超细纤维的生产中使用微型胶囊工艺把药物胶囊掺入纤维中慢慢释放，达到保健和治病的目的，这些超细纤维面料不仅技术性好，而且给服用者额外的心理享受。面料生产者通过将各种性能的纤维融入织物的生产，不断开发新型面料，而多功能性、舒适、环保、重量轻、性能好也已经成为消费者对纺织面料的新要求。在进行服装设计的时候，设计师必须不断关注面料技术的发展，纤维、面料的开发与服装的造型设计、工艺结构研究在服装领域已具有同等的重要性（图3.95）。

2. 纱线

纱线在服装制作和加工过程中，起着基础和桥梁纽带的双重作用，因为纱线既是纺纱厂的最终产品，又是织布厂的原材料，既可以半成品打包，又可作为成品出售。合理选择纱线，对有效表达织物与服装的外观特征和表面性质是很重要的。

纱线是纱和线的总称，是由纺织纤维经纺纱加工而成，具有纺织特性并且长度连续的线型集合体。纱指短纤维或长纤维经加捻纺成单股纱线，称为单纱。天然纤维大多数是自然形成的较短纤维，只有蚕丝是天然长丝，化学纤维纺丝喷出来的都是长丝，为模仿天然纤维的性能，在纺纱时可以被剪切成为短纤维。线指两根或两根以上的单纱合并加捻而成，称为股线，股线再合并加捻就成为复捻股线。通过采用不同的纺纱加工方法，纱线可具有不同的结构形态，如花式纱线，其结构和色彩沿纱线长度方向发生变化；变形纱利用合成纤维受热塑化的特点，经机械和热变形加工成为具有卷曲、螺旋、环圈等外观特征的长丝。在面料纺织过程中采用不同规格、不同形态结构的纱线，纺织品会表现出不同的物理性能、手感特征和风格特点（图3.96）。

95

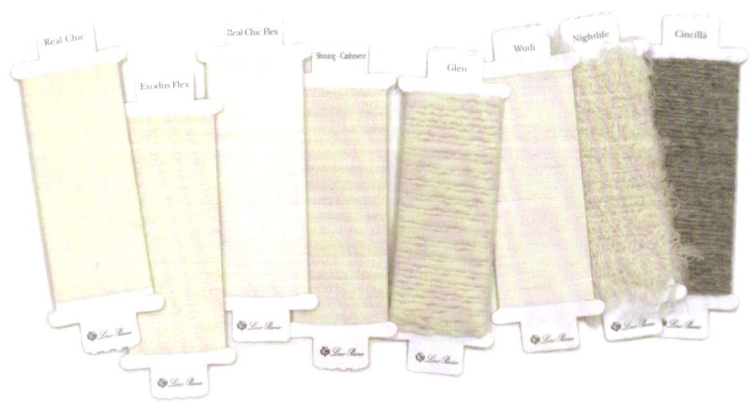

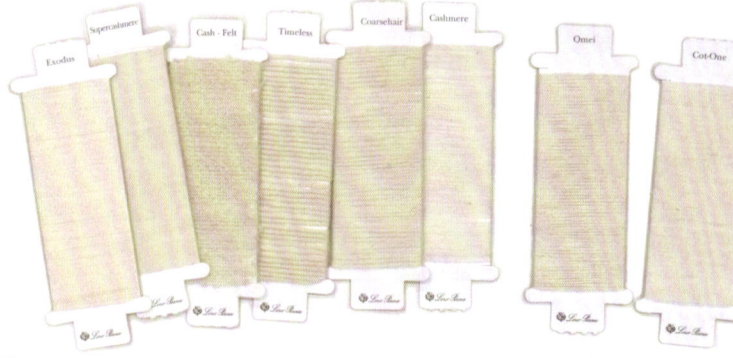

96

图3.95 新材料研发：模拟随体温变化而变色纤维制造的面料——华特·范·贝伦东克（Walter Van Beirendonck）

图3.96 羊绒纱线（Lora Piana）

图3.97 梭织面料的交织组织示意图。A：平纹组织；B：斜纹组织

图3.98 梭织面料——按序号依次为：棉绒织物、全毛人字呢、真丝雪纺、全毛双面织物、全棉罗纹织物、全毛斜纹织物、真丝缎纹织物、提花织物、粗斜纹牛仔布、平纹组织棉布

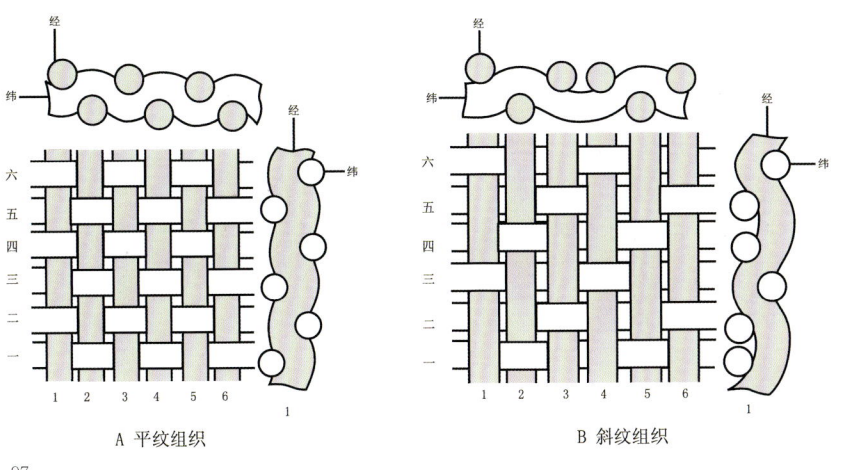

A 平纹组织　　B 斜纹组织

97

平纹组织是所有织物组织中最简单的一种。其组织规律是一上一下，两根纱线交替成为一个完全组织。平纹组织织物布面平坦、外观紧密，但手感偏硬，弹性小。平纹组织广泛应用于棉、毛、丝、麻织物中，如各种布面平整的平布、质地细密的纺类。清晰菱形颗粒的府绸、起绉效应的泡泡纱和乔其纱以及隐格效应的凡立丁、派力司、薄花呢、法兰绒等。

斜纹组织的特点在于纬纱和经纱至少要间隔两根以上纱线交织，组织点依次呈现阶梯式排列，在织物表面构成连续的斜纹。斜纹组织的织物表面有光泽度，柔软厚实，抗皱性好。常见斜纹织物有斜纹布、卡其、牛仔布、哔叽、华达呢、美丽绸等。

缎纹组织是基本组织中最复杂的一种组织。它的特点在于相邻两根纱线上的单独组织点之间有一定间距，并被两旁的经浮长线或纬浮长线所遮蔽，使织物表面几乎全由一种经浮长线或纬浮长线所组成，故其布面平滑匀整、光泽良好、质地柔软，但耐磨性差，容易起毛、勾丝。常见缎纹织物有棉织物的直贡缎、横贡缎；毛织物中的贡呢，丝织物中的素缎、花缎或缎地起花织物等。

由以上三种组织为基础，发展变化而来的织物组织还包括联合组织、复杂组织和大提花组织。联合组织是由两种或两种以上组织用不同的方法联合而成的一种新组织，包括条格组织、透孔组织、网目组织、凸条组织、蜂巢组织、绉组织等，复杂组织指的是经纬纱中，至少有一种是由两组或两组以上系统的纱线组成，这种组织结构能增加织物的厚度，提高织物的耐磨性且质地柔软，主要有双层组织、起毛组织、毛巾组织、纱罗组织等，常见的织物有灯芯绒、毛巾布、棉绒、天鹅绒等。大提花组织大多以一种组织为地，另一种组织显示出花纹，或者采用不同的表里组织，不同色彩或原料的经纬纱，使织物表面显示出各种彩色花纹，常见的大提花织物有：织锦缎、花软缎、九霞缎等（图3.98）。

98

3. 织物的组织结构

采用各种纺织纤维为原料，运用各种方法制成的柔软的片状物称为织物。服装用织物主要有梭织物、针织物、非织造物、钩编物。

（1）梭织物

经向和纬向的纱线互相垂直，并按一定的规律交织而形成的织物为梭织物。沿织物长度方向配置的纱线称为经纱、沿织物宽度方向配置的纱线称为纬纱。如果经纱和纬纱不能垂直成为90°，织物被称为"纬斜"，并且不能呈现很好的下垂状态，从而影响服装的结构。织物中经纱和纬纱相互交织的规律和形式称为织物组织，织物由于组织结构的交织方法不同，质感、风格、性能也各不相同（图3.97）。梭织物的三种基本组织是平纹组织、斜纹组织、缎纹组织。

服装设计基础 | BASICS FOR FASHION DESIGN

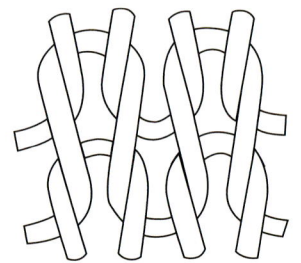

99

图3.99　针织面料的基本组织结构示意图
图3.100　针织坯布和织片
图3.101　手工编织服装设计（Shengwei Wang）
图3.102　针织布连衣裙（Oktober）

100　　　　　　　　　　　　　　　101

（2）针织物

针织物是由线圈相互串套连接而成的织物，按生产和形成方式可分为纬编针织物和经编针织物。不论哪种针织物，其线圈都是最基本的组成单元。由于针织物由线圈串套而成，纱线呈弯曲状态，相互间空隙大，结构相对松散，因此针织物具有尺寸稳定性差、易变形、易勾丝、易脱散、不够挺括，但透气性好，穿着舒适等特点（图3.99、图3.100）。

手工针织是利用粗线和棒针完成织物的编织。可以根据设计需要完成不同厚度，不同花型与风格的织物，被称为是一种可以随时移动随时携带的织造方法（图3.101）。

针织服装的结构由三种方式构成。第一种，同梭织物一样将面料织成一定的长度，然后经过裁剪缝制成为衣服。由于针织服装面料具有伸缩性，服装制版时的缩放量与梭织面料有所不同（图3.102）。第二种，依据服装样式，直接织成一定形状的裁片样式将其缝合在一起制成衣服（图3.103）。第三种，以立体三围的形式直接制造服装，这种构成方式织造的针织服装很少或完全没有缝线。三宅一生（Issey Miyake）著名的A-POC（A Piece of Cloth）管

102

103

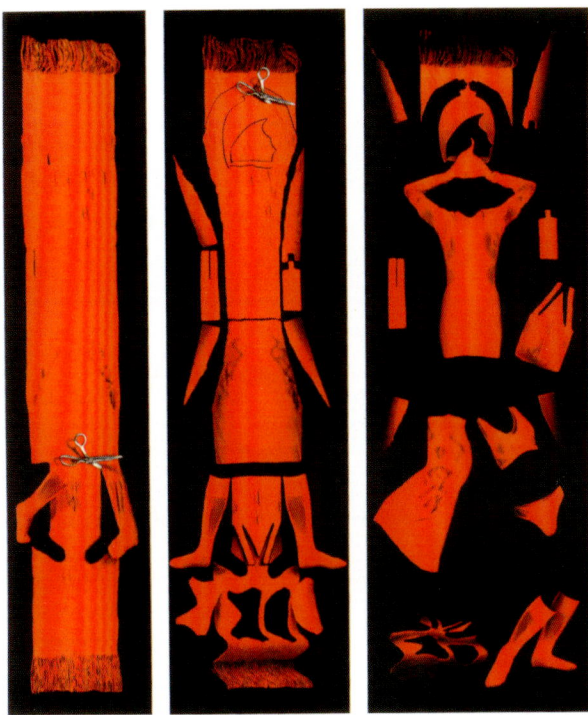
104

状服装,就是由一段管状针织物剪开而成的无缝服装,在织制过程中,每件服装的剪口都事先作标记,当服装沿剪口线剪开时,也不会发生脱散的现象(图3.104)。

(3)非织造布

非织造布又名无纺织物,是指不经传统的纺纱、织造或针织工艺过程,由纤维层或纤维层与纱线交织,通过机械勾缠、缝合或化学、热熔等方法连接而成的织物。与其他服装材料相比,无纺织物具有生产流程短、产量高、成本低、纤维应用面广、产品性能优良等特点。随着非织造布生产技术的不断发展和完善,非织造布在服装方面的应用领域越来越广泛,可以用来做时尚感强的外衣面料、各种人造皮毛、保暖絮片、热熔黏合衬、一次性内衣裤等。由于其结构和加工方式的独特性,非织造布不会像梭织和针织面料那样容易脱散(图3.105)。

图3.103 电脑提花针织衫(Joseph Turvey)
图3.104 A-Poc,三宅一生(Issey Miyake)针织服装作品,1999年
图3.105 无纺面料连衣裙,川久保玲(Comme des Garçons),1990年

105

（4）钩编织物

钩编织物是联合运用机织和针织的原理织造而成的织物。钩编织物主要有：带子、流苏花边、蓄丝、钩针织物和窄幅织物等（图3.106，图3.107）。

4. 织物的表面设计

织物的表面设计是运用各种工艺手段对织物的表面进行加工处理，使织物表面具有一定的色泽、花纹图案、肌理效果或特殊的性能。

（1）印花

印花是用染料在纺织品上印出具有一定色牢度的平面花纹图案的加工过程。这里应注意的是色织面料的表面也具有一定的图案，但是这种图案是使用有色纱线织造而成的。在印花的设计中，必须要考虑到面料上图案的色彩、比例、题材以及构成形式的设计，这些都会对面料的风格和运用产生影响，关于图案的相关知识在图案部分有详细的讲解。印花的主要工艺有丝网印花、模板印花、滚筒印花、转移印花、数码印花。

丝网印花：丝网印花的印花模具是将具有镂空花纹的筛网（花版）固定在方形架上。花版上的花纹处可以透过色浆。印花时，花版压紧织物，花版上盛色浆，使色浆透过花纹到达织物表面。丝网印花通过对色浆的处理还可以形成多种印花效果，如发泡印花、植绒印花、光热敏变色印花、荧光印花、香味印花、烫金烫银等（图3.108）。

模板印花：模板印花是最古老的一种印花工艺，印度在公元前4世纪就已经有木模板印花。其工艺是将图案雕刻在木材、橡胶等硬制材料上，形成凹凸的纹样，然后将模板沾上油墨，以一定压力印制在面料上。

106

107

108

图3.106　钩编织物阿诗士（Ashish）
图3.107　钩编织物服装设计（Shengwei Wang）
图3.108　丝网印花装饰的男衬衫（Gilles Rosier）

滚筒印花：滚筒印花是苏格兰人T·贝尔所发明的，1785年开始应用，迄今仍属织物主要的印花方法之一。滚筒印花好比报纸印刷，是一种每小时能生产超过6000码印花织物的高速工艺。滚筒印花的图案是雕刻在金属滚筒上，印出的图案细致、柔和。

转移印花：转移印花始于20世纪60年代末，是先用印刷方法将颜料印在纸上，制成转移印花纸，再通过高温（在纸背面加热加压）把颜色转移到织物上，固着形成图案。一般多用于化纤面料，特点是色彩鲜艳，层次感强，花型逼真。

数码印花：通过各种数字化手段如扫描，将数字相片、图像或计算机制作处理的数字化图案输入计算机，再通过电脑分色印花系统处理后，直接喷印到各种纺织面料上，可以获得所需的各种高精度的印花（图3.109）。

（2）装饰

在面料表面添加各种工艺装饰，面料表面会呈现出有别于平面印花，具有立体感的装饰效果，使面料产生独具魅力的外观面貌，有很多服装的效果几乎完全通过面料表面的装饰来加以表现。装饰手法主要有以下几种。

刺绣：刺绣是一种在织物上用各种线料缝出不同图案的传统工艺，在中国有着悠久的历史。刺绣的针法很多，有平绣、盘针、套针、坝针、锁针、点绣等，采用不同的针法可以产生不同的线条与肌理。面料的图案可以手工刺绣或机器刺绣完成，可以在服装的局部运用，也可以整体面料都以刺绣装饰（图3.110）。

珠绣：珠绣是用针穿引珍珠、玻璃珠、宝石珠，在织物上组成图案的刺绣。珠绣具有珠光灿烂、层次清晰、立体感强的艺术特色。珠绣有全珠绣、半珠绣两种。全珠绣是在产品面料上绣满珠饰；半珠绣则是在部分面料上绣制珠饰，它和面料的质地、色彩相互辉映，有良好的艺术效果（图3.111）。

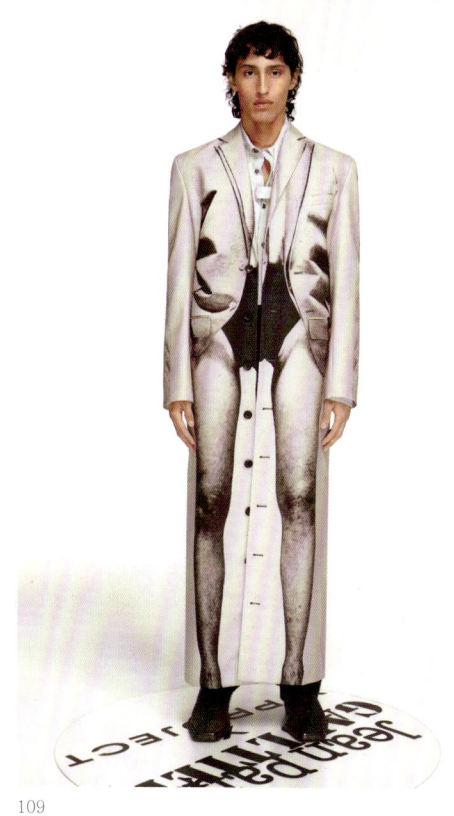

图3.109 数码印花套装——让-保罗·高缇耶（Jean Paul Gaultier）与Y-Project 2023春夏联名系列

图3.110 刺绣工艺——亚历山大·麦昆（Alexander McQueen）2011年春夏系列

图3.111 以珠绣工艺装饰的半袖针织衫（EV4）

补花：补花也属刺绣类，是按照图稿将棉、麻、丝绸等布料剪成各种形状的花片，将花片粘贴在底布上组成图案，花片的毛边用针拨窝进去，使边角整齐，将花片四周用手工或机器锁针锁满。补花还可以与其他刺绣工艺相结合，形成各种综合工艺。

绗缝：绗缝工艺源自美国乡村，是在多层织物上用手工或机器的方法缝制装饰性缉线，织物表面会浮现出凹凸不平的立体图案，织物之间通常装有棉花、海绵、羽绒、羊毛等填料。绗缝具有古典且立体感强的特点（图3.112）。

拼接：将布片裁成不同色彩、质料、形状的布片，按设计要求，经过精心选择、折叠、缝合，形成新的面料。这种拼接方法类似于中国传统的用零布头缝缀起来的百家衣（图3.113）。

镂空：在织物或皮革等服装材料表面，像剪纸一样去掉一定面积的形状，利用空洞直接构成图案或者把镂空部位再镶入其他面料或装饰物，以此产生通灵剔透的层次感。镂空可以采用抽纱、剪切、化学腐蚀、激光雕刻等方式（图3.114）。

图3.112　绗缝工艺——格雷克·格林（Craig Green）2023秋冬系列

图3.113　拼接工艺外套——香奈儿（Chanel）2016春夏女装

图3.114　镂空工艺——利用激光切割的方式在面料表面形成镂空效果（李春晖）

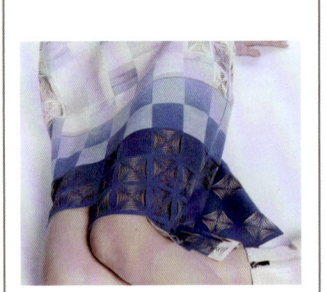

图 3.115　缩褶工艺
图 3.116　扎染工艺
图 3.117　手工绘制面料——迪奥（Dior）2020春夏系列

缩褶：缩褶是将布抽缝出褶皱的工艺。一般根据设计意图，沿预先设计好的抽缝路线，在面料上抽缝出立体的褶。缩褶既有装饰功能，可以增强服装的空间感和层次感，还具有实用功能，即用褶皱来处理服装上的松量（图3.115）。

（3）艺术染色

纺织品的染色在从纤维到成衣的过程中都可以进行，一般可以分为纤维染色、纱线染色、织物染色及成衣染色等不同的阶段。除此之外，为了使面料表面获得独特的艺术效果，还可以使用中国传统染色技艺"四缬"以及手绘、吊染、泼染等特殊的面料染色方法。

中国传统染色技艺"四缬"：蜡缬、绞缬、夹缬、灰缬，具体介绍可见本章节第六小节。在现代工业化进程迅速发展的今天，这些稀缺而温润的手工艺呈现出的传统文化之美，生活实用之美，可以为服装设计的学习打开传统工艺与当代设计融合的新视野（图3.116）。

手绘：用手绘的方法作为面料的表面装饰，一般用在洁白或素雅的绸料和布料上面，主要运用中国画的手法，采用环保纺织颜料，将根据款式设计出的不同风格的图案和花型绘制在面料上，将服饰与绘画这两种艺术合为一体，显得清新而高雅（图3.117）。

吊染：将服装或面料吊挂起来，排列在往复架上，染槽中染液先低后高，先浓后淡，分段逐步注入染液进行染色。吊染作为一种特殊的防染技法工艺，可以使面料和服装产生由浅渐深或由深至浅的柔和、渐进的视觉效果（图 3.118）。

泼染：泼染是近几年流行的现代手工染色工艺，因染出的花纹似泼出的水珠而得名。泼染的工艺是以泼染或刷染的方式将染液绘制于织物表面，趁湿用盐或其溶液洒在绘有染液的部分，随着染液自然干燥，就会形成或如奇葩怒放，或如流星飞泻的各种变化多端的抽象图案（图 3.119）。

（4）工艺整理

工艺整理是指通过物理或化学的方法改善织物的外观、手感或增加特殊功能。从设计的角度看，目前国际流行的面料表面后整理技术有仿旧整理、磨毛整理、褶皱整理、模拟整理、功能整理。仿旧整理是利用石磨水洗、褪色洗涤、化学石洗等方法赋予织物"自然旧"的风格；磨毛整理的织物表面具有一层细腻而柔软的绒毛；褶皱处理利用热与力的作用，使织物表面具有自然褶痕，且牢固不易消褪；模拟处理使化学纤维具有天然纤维的特征，如仿麂皮、仿羊皮、仿麻、仿丝等。功能整理以涂层、纳米技术等方式增加织物的特殊功能性，如拒油整理、阻燃整理、防污整理等。

图 3.118　吊染工艺制作的连衣裙——杰罗姆·伊维利耶（Jerome l'Huillier）
图 3.119　泼染工艺——菲利林 3.1（3.1 Phillip Lim）2018 春夏系列

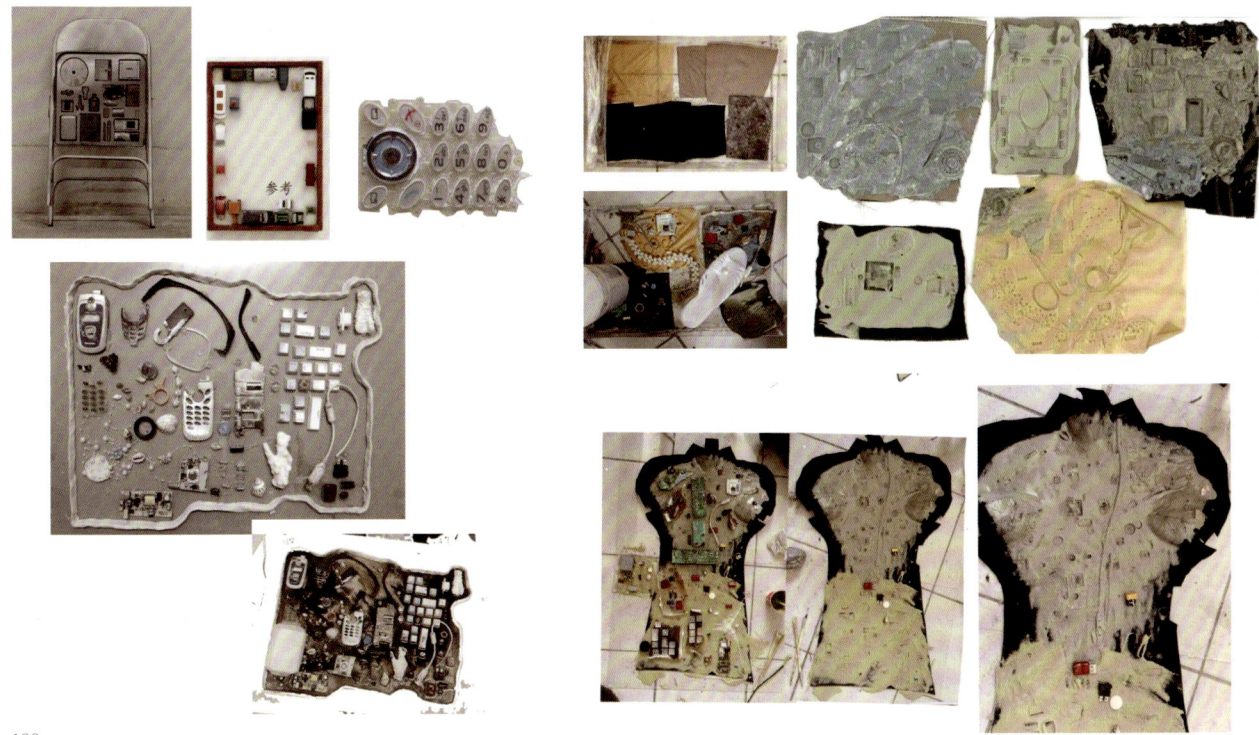

（5）材料再造

材料再造是指在原有服装材料的基础上，为了强化服装风格，表达设计理念，增强服装的视觉冲击力和艺术感染力，运用各种工艺手法对材料进行艺术加工和改造，获得有别于原有材料的新的外观形态、质感和肌理。在服装设计中对材料进行的挖掘和再造，既可以拓展设计师的思路和表现手法，还可以提升服装产品的附加值，给消费者以新颖别致的视觉享受，并已成为当今服装设计创新的发展趋势。不但设计师会运用各种手段从设计的角度出发对面料进行再次设计，很多面料商也会采用各种技术手段开发独具外观特色的面料供设计师选择。为了使面料呈现不同的外观和风格效果，通常会从以下几个方面进行再造：

构成性设计：通过对面料进行挤压、堆积、叠加、皱褶、抽缩等手段，改变面料原本的平面形态，产生皱缩、凹凸不平等浮雕般的效果（图3.120、图3.121）。

图3.120　材料再造——构成性设计（解谨翼）
图3.121　材料再造——构成性设计（Shengwei Wang）

122

124

123

图 3.122　材料再造——破坏性设计（英国中央圣马丁 2012MA 毕业作品）
图 3.123　材料再造——破坏性设计（赵彤）
图 3.124　材料再造——装饰性设计（帕科·拉班纳，Paco Rabanne，1969 年）

破坏性设计：对面料表面采用剪切、撕扯、洗磨、拉毛、镂空、抽纱、烂花、腐蚀等破坏性手法，在面料表面形成透明或半透明的通透感，赋予材料残缺的、无规则的美感（图 3.122、图 3.123）。

装饰性设计：在面料表面采用贴补、刺绣、粘贴、绗缝、镶嵌、编结、缠绕、悬挂、垂吊等方法进行装饰，增加面料的层次感和立体效果（图 3.124）。

整合性设计：在对材料进行再造的过程中，根据不同设计表达的需要，将具有不同光泽、肌理和色彩的面料，以不同软硬、厚薄、平凸、简繁、虚实、明暗等形式进行组合、搭配，既可以营造出熟谙特定的服装风格，取得和谐的搭配效果，还可以打破惯例，采用对比性的组合，以看似不搭调的混搭风格创造新的审美情趣（图 3.125）。

总之，在对材料进行再造的过程中，即使是同样的一种图案，也会因为采用不同的工艺手段而产生各具特色的表面效果。这就需要设计师根据设计表达的需要以及材料的不同特性，灵活选择和应用各种工艺手段，既可以采用单一的装饰手法，也可综合运用多种工艺（图 3.126、图 3.127）。

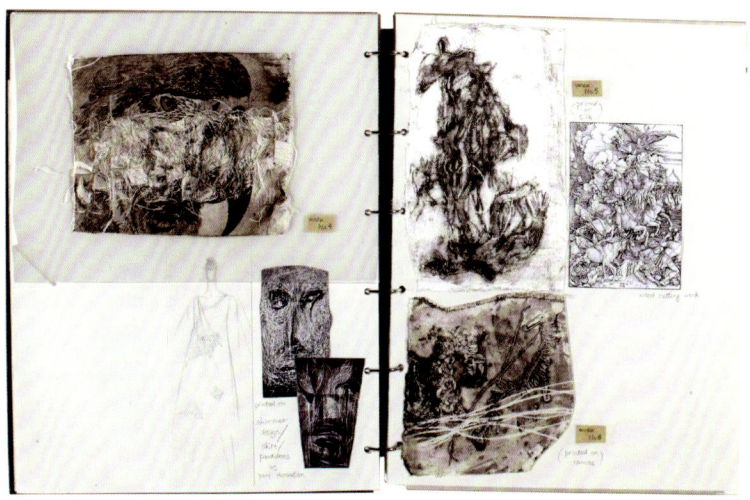

图 3.125　材料再造——整合性设计（王子悦）
图 3.126　材料再造实验手册（宫沛然）
图 3.127　材料再造实验手册（罗宇豪）

（四）服装结构与工艺

服装设计是一项综合性的工作，外观设计、结构设计、工艺设计三位一体、不可分割。外观设计是设计师的主观构想，是设计师对作品的整体策划，它包括造型、色彩、面料等设计要素；结构设计是对外观设计的深入研究，设计中要考虑到人体的基本结构和人体活动的基本要求，服装与人体的对应关系（即反映在平面状态下的衣片结构线与立体状态下的对应关系）以及各种穿着过程中的功能需求；工艺设计是设计的具体实施方案，是设计由构思转化为现实的基本途径，它包括生产程序的设计、装饰手法和特殊工艺的选择等，有效的工艺设计可以提升服装的品质与艺术效果。对于服装设计师而言，尽可能多地了解和掌握服装结构和工艺方面的知识，一方面可以帮助设计师在设计过程中思考服装设计与结构的关系，完成对设计概念的全面表达，另一方面可以深入激发创作灵感，从结构变化和工艺设计中衍生出精彩独到的创意，打破传统，创造新的时尚。

1. 工具和设备

在进行结构和工艺设计之前，需要准备一些工具和设备，这些工具和设备也许会使初学者感到这是一项枯燥无味又要求有数学般精确的工作。但实际上，在成衣的实现过程中，手中的剪刀、画粉、各种工序的缝纫设备都是将平面设计图转变为立体成衣的有效手段，甚至会魔术般地使平面的设计呈现出各种立体的可能性。

（1）工具

皮尺：是设计师必备的一件工具，用来测量人体各部位的数据。

直尺：长度为50m的直尺，用来绘制长直线，一般为木制或有机玻璃。

三角板：有机玻璃质地的直角三角形，用来画线和直角。

曲线板：绘制曲线所使用的工具。如绘制领窝、袖窿、袖山、裤子裆弯等弧线。

压线轮：将画好的纸样从一张纸上压印到另一张纸上，从而获得不同部位的样版。

锥子：裁剪过程中用钻眼的方法作标记的工具。

画粉：在面料上绘制样版的工具，画粉质量以粉线能够容易拍弹消除为佳。

大头针：在衣片缝合前用来固定衣片的工具，通常用于试衣补正或立体裁剪。

标记线：立体裁剪时，用于人台和坯布样衣上标识横向和纵向的分割线与结构线。

剪刀：用于裁剪布料的工具。

纱剪：用来剪断线头和打剪口的工具。

花齿剪：锯齿形刀口的剪刀，用来裁剪料样。

牛皮纸：用于绘制基础纸样或存档纸样。

卡纸：用于制作生产用样版。

人台：是立体的人体躯干，一般由塑料铸成，表面覆盖着薄薄的垫料和质地密实的亚麻布，可以调节高度和进行旋转，以方便从不同的角度审视设计作品。根据服装标准、号型和使用的需要，服装人台设有多种造型和型号。对服装设计师来说，人台是立体裁剪必不可少的工具（图3.128、图3.129）。

图3.128 工具组图：1.皮尺；2.直尺；3.三角板；4.曲线；5.压线；6.锥子；7.画粉；8.大头针；9.纱剪或小剪刀；10.剪刀；11.针插；12.铅笔；13.橡皮；14.标记线；15.缝纫线

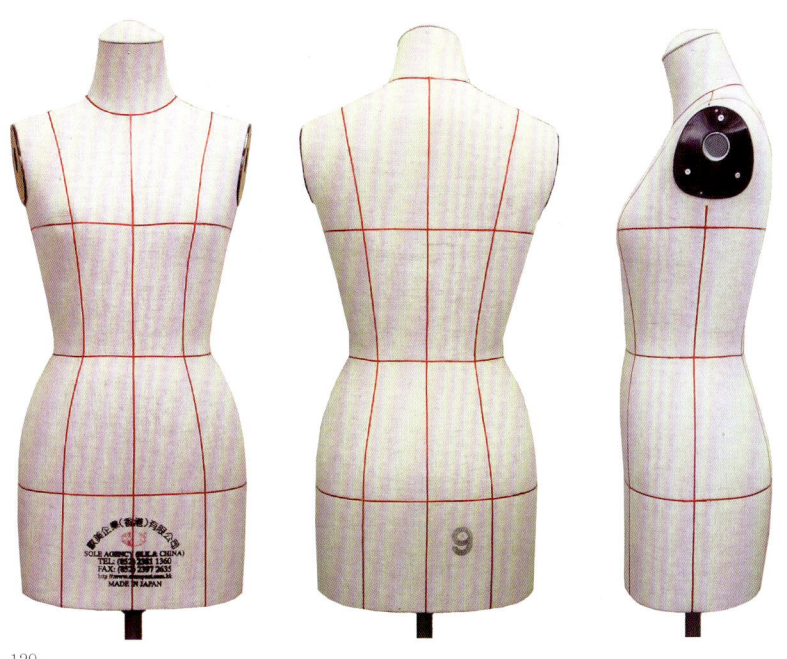

图 3.129 人台是服装裁剪制版、检验款式和设计是否可行的关键性辅助工具

（2）设备

工业用平缝机：是服装生产中最基本的缝纫设备，缝出的线迹整齐美观，平整牢固，几乎用于所有服装产品的生产（图 4.130）。

包缝机：主要作用是防止服装的缝头起毛、脱散，沿面料的边缘切齐并包缝，针对不同特性的面料一般分三线包缝、四线包缝、五线包缝。包缝一体机（包缝机与缝纫同时进行）主要应用于缝合 T 恤、运动服、内衣等针织弹性面料（图 3.131）。

锁眼机：用于薄料、中厚料、针织品、化纤制品等面料的扣眼缝制。一般都带有切刀系统，先锁眼后开刀。分为圆头锁眼机和平头锁眼机两种。平头锁眼是最常见的衬衫扣眼，圆头锁眼主要应用于西服、外套等正装。

工业熨斗或吹风烫台：服装生产后整理中的重要设备，两者一般同时使用。工业熨斗比家用熨斗更耐用、更沉重，蒸汽具有更大的压力。吸风烫台也称烫台，在熨烫时可以通过自吸风装置产生的吸力防止面料随熨斗移动，并把刚熨烫过的面料快速冷却定型。熨烫是服装生产加工的重要步骤，面料在缝制的过程中会出现打褶、抽皱等现象，只有经过熨烫才会呈现出平整的外观（图 3.132）。

覆衬机：属于工业用设备，在服装的制作过程中，为使面料表面平整挺括，需要衬垫来支撑服装的造型，覆衬机主要用于黏合衬与面料之间的热融和黏合（图 3.133）。

图 3.130 工业用平缝机
图 3.131 包缝机
图 3.132 烫台
图 3.133 覆衬机

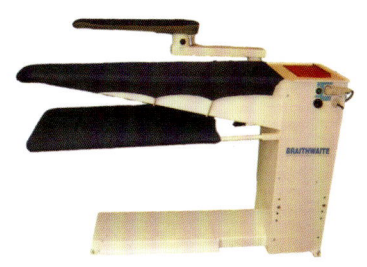

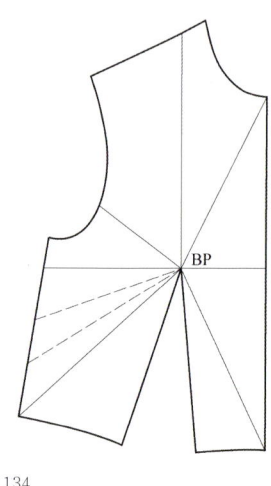
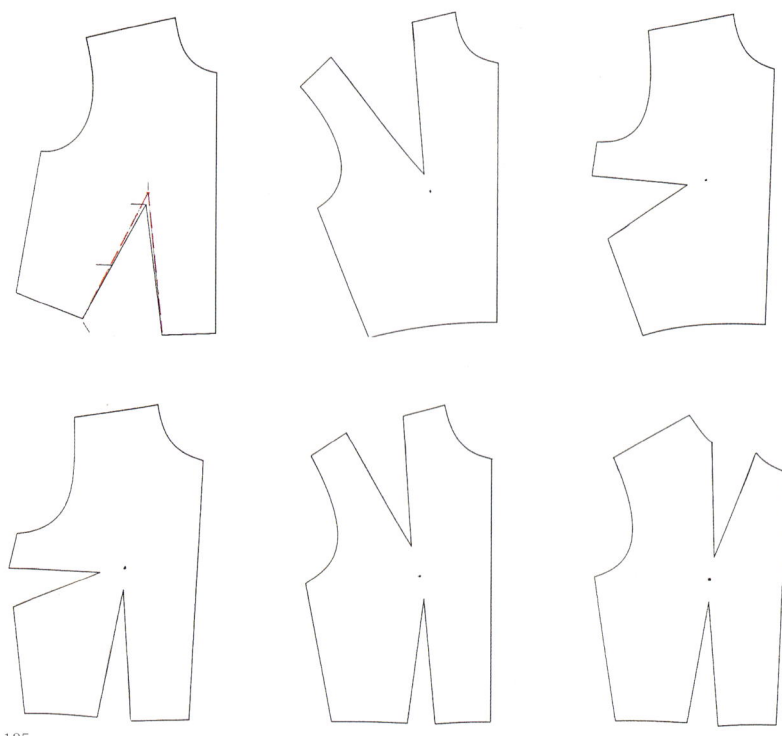

图 3.134　服装省道位置
图 3.135　服装省道变化
图 3.136　腰部的省道转移成为整件服装设计的重点（王超）

2. 结构设计

服装的结构设计是塑造服装造型的最直接手段，当平面的面料包裹在三围的人体上时，布料与人体之间会形成一定的空间，为了适合人体和造型设计的需要，达到合体、蓬松、收紧等效果，可以采用省道、褶裥、分割线等结构设计方法，将面料裁剪成为各种形状的衣片，经缝合后，成为一件立体美观又具适体功能的服装。不同衣片间的拼接部位就是服装的结构线，它客观存在于服装的表面，是表达服装形式美的有效手段。在结构设计中，结构线位置的设定，必须从塑型和装饰的角度出发综合考虑，反复推敲。

服装结构设计主要包括省、褶、分割线。

（1）省

省是为了塑造服装的合体性而采用的一种塑型手法。为使平面的面料能够适应人体表面的起伏变化而将多余部分省略掉后，在衣片上设置的短缝。省的形状有锥形、钉子形、弧形、橄榄形等。省的命名根据省尾所在的位置而定，如上装的肩省、领省、袖窿省、腰省、腋下省；下装的臀位省、腹位省。无论省的形状与位置怎样变化，省尖总是指向人体的突出点，并在360°范围内取省（图3.134）。省的设计主要通过省道转移来实现，在满足基本适体功能的基础上，通过合理的转化，实现服装在造型和装饰效果上的构思（图3.135）。用省塑造的造型外观平整，起伏变化明显。通常紧身服装或质地厚而密度大的面料易采用省的结构。在现代服装设计中，很多设计师都将省道转移作为设计上的创意手段并以此形成独特的风格（图3.136、图3.137）。

137

人工的折叠褶　　　　　　　　自然的堆积褶　　　　　　　自然的波浪褶和垂褶

138

图 3.137　各种省的变化
图 3.138　褶的变化

（2）褶

褶作为服装的另一种结构设计，是结合造型的需要，通过将面料折叠或抽缩而在衣片表面人为制造的多种线条形式。褶的结构能够增加服装外观的层次感和体积感，具有活泼自然、优雅而变化丰富、装饰感强的特点。但褶对人体曲面的处理显得结构松动，不像省道和分割线那样明确肯定。从造型和面料的角度考虑，一般宽松的服装、轻薄飘逸的面料，易采用褶的结构。根据手法和形成方式的不同，褶可分为自然褶和人工褶两种。自然褶是利用面料的悬垂性和经纬线的斜度自然形成的未经人工处理的褶皱；人工褶指人为加工的各种褶裥、抽褶和堆砌褶（图 3.138、图 3.139）。

（3）分割线

分割线是指根据设计需要对衣片进行分解，通过分割设计，可以丰富服装的外观，创造理想的服装比例与完美的造型。分割是服装结构设计中位置最自由，造型变化最丰富的一种类型。通常又被分为两种形式，一种是结构分割，是集平面分割、立体塑型、功能设计、部件设计为一体的分割形式，它最大的特点是将省巧妙地融入到分割线中。如育克线的设计、女装中的公主线设计；另一种是装饰性分割，是以服装的造型美为主要目的分割，常用于夹克衫、牛仔装、皮革服装、运动装等宽松式的服装造型中。

分割线根据线的特征分为直线分割、折线分割和曲线分割，直线分割简洁而有力；折线分割具有跳跃的律动感；曲线分割自然流畅，是最适合表现女性服装的线型。同时分割线根据角度的不同，又可分为横向分割、纵向分割和斜向分割，横向分割具有平静舒缓的特点，有水平延伸感；纵向分割有垂直拉伸的感觉，会使服装显示出修长的效果；斜向分割则具有活泼、动感的特性，适合童装、运动装和艺术创意性服装的设计。在设计中无论是采用哪种分割形式都要注意分割后线与面之间的比例和布局，通过分割还可以在服装表面做不同的色彩搭配或不同质地的面料搭配（图3.140）。

139

横向分割

斜向分割

纵向分割

约克线

曲线分割+不同材质

直线分割

折线分割

公主线+色彩变化

140

3. 工艺设计

服装设计最终要以成衣的形式表现出来，因此，工艺设计是服装实物化过程中的重要阶段，为了达到服装整体设计的最佳效果，服装的工艺设计不仅要和造型结构、材料质感等紧密联系，还要和具体的工艺工序相结合。

（1）线、缝工艺

服装的制作可以用缝合、粘合、编织等技术来完成，缝合是最快捷、最有效的加工方法。在缝合中，缝线在面料上形成的各种线迹特征以及缝线部位的处理是服装工艺设计的主要内容。一件服装外观的工艺形式，会影响到服装的整体风格特征。

明线：是指服装表面能够看到的线迹，增强服装缝合线强度是它的基本功能，在很多风格粗犷的服装设计中，经常通过使用各种形态的异色明线来装饰服装表面（图3.141）。

手缝：手缝有各种各样的技法和针法。高级定制和高级女装在服装的制作中都运用了大量的手缝线迹。每一种手缝线迹都有特殊的用途，包括用于一些装饰效果或加强服装的强韧性等（图3.142）。

贴边：在领口、袖口或前后开口设计处，用与面料相同的贴边来处理服装的边缘，由于贴边在内侧缝合，服装表面没有任何的明线，边缘显得平整而光滑。

滚边：使用斜丝的面料将裁剪后的领围、下摆、袖口等边缘部位的毛边包裹起来，处理效果干净整洁。有很多服装内部缝份的部分也使用滚边的方法修整内部毛边。这种工艺方式使服装显得更为精致。

罗纹：带有松紧性的针织带子，可以用来收紧服装的领子、袖口、下摆等部位，在运动装和休闲装的设计中经常使用。

141

图3.139　以褶作为主要造型手段的连衣裙（李相奉，Lie Sang Bong）
图3.140　分割线是一种变化丰富、表现力强的结构设计手段
图3.141　以明线装饰的西服（Holland Esquire）
图3.142　手缝线迹

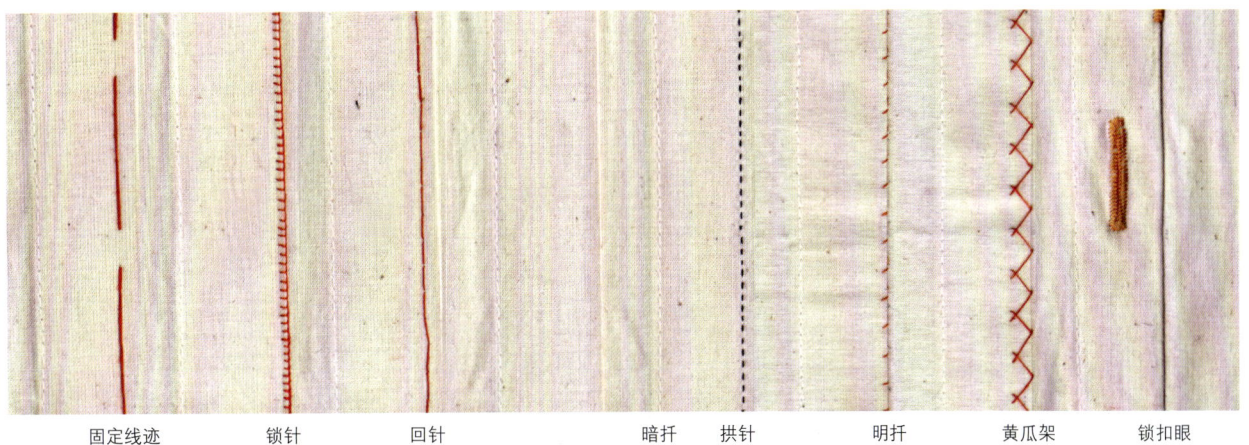

固定线迹　　锁针　　回针　　暗扦　拱针　　明扦　　黄瓜架　　锁扣眼

142

143 144

图 3.143　西服的衬里结构（Holland Esquire）
图 3.144　一件作旧处理的西服，口袋和袖子的分割线被处理成毛边的效果（U-N）

衬里：在西服、大衣或高级定制的服装中，从外观上将内部的缝线、衬布、收缝线迹等隐藏起来，给服装的内部结构以完善和完整的感觉（图 3.143）。

毛边：毛边指设计中没有将毛边藏在衣服的内部，而是直接暴露在服装的表面（图 3.144）。

（2）支撑工艺

在服装设计的过程中，不是所有的服装都是贴合人体的。有的设计需要特殊的造型或需要在服装本身创造量感，这就必须依靠服装结构和支撑物来增大服装的体积并支撑服装的造型。在服装支撑工艺设计中，通常使用的支撑材料有垫肩、衬布、网衬、鱼骨等（图 3.145）。垫肩是在服装设计中应用最广泛的一种支撑材料，使用于服装的肩部区域，并隐蔽在面料和里料之间，不同尺寸和形状的垫肩，可以支撑肩部，形成或顺滑、或方正、或夸张的外观效果（图 3.146）；衬布分为黏合衬和非黏合衬两种类型，起到支撑和加固面料的作用，一般用在服装的领子、袖口、门襟、腰头等造型需要挺括的部位；网衬是一种既轻又挺括的材料，通过加大裙摆的结构创造服装体积感的时候，需要在服装的内层加入网衬，以鼓起的效果来强调服装的造型，网衬使用的数量依据设计所需的体积来确定（图 3.147）；鱼骨的材质分为金属和塑料两大类，根据设计的造型，一般使用在由臀到腰，直至遮盖胸部的位置，主要起到支撑服

145（a）　145（b）

图 3.145　利用皮革支撑物夸张服装肩部造型（Ming-Pin Tien）

146

147

148

149

装的作用，无带的晚装之所以能够始终保持挺括的状态，主要就是因为内部鱼骨的支撑（图3.148）；衬垫的主要用途是用来强调身体的某一部位或增强服装的轮廓和形状感。时装设计大师迪奥一生都在追求着服装外形的变化，为了塑造各种外形，他十分重视服装的内部结构和支撑材料的有效利用，在20世纪50年代，创造了时装史上"型的时代"（图3.149）。

图3.146　利用垫肩支撑形成夸张的肩部效果（Charlotte Simpson）
图3.147　网衬支撑
图3.148　裙撑，1865—1869年
图3.149　支撑工艺——克里斯汀·迪奥（Christian Dior）礼服裙撑

150

151

152

（3）斜裁工艺

斜丝指面料的对角线方向的丝缕。如果将面料按照正斜向裁剪，机织面料会呈现出和针织面料一样的合体性，斜向纱经过臀围线后，还会形成流畅的裙摆造型或亮丽的荷叶边（图3.150）。斜裁这种史无前例的裁剪技术是由被称为"时装界的欧基米德"的法国设计师玛德莱尼·维奥尼特（Madeleine Vionnet）（1876—1975）年创造的，她的斜裁设计在当时区别于传统利用硬骨衬的高领和紧身胸衣的构造，使身体的自然曲线得以充分展现，显示出优雅而细腻的风格特征，并影响了后来众多设计师的创作（图3.151）。

4. 纸样设计

版型是服装立体造型的平面展开图。版型的设计是技术性的工作，是设计师借助结构与工艺进行的创造性设计。构成服装立体形态的造型以及各种结构设计都必须通过具体的版型设计来实现，主要包括平面裁剪、立体裁剪两种手段。

（1）平面裁剪

平面裁剪是将已经设计好的服装效果图在想象中三围立体化，利用预先测量获得的人体测量值，绘制成与立体形态对应的平面展开图的方法。在制图的过程中，应特别注意版型与服装立体造型之间的空间想象差异，既要考虑款式结构的特征，同时又要考虑到人体活动的要求，避免出现版型与款式设计不符的现象（图3.152）。平面裁剪与立体裁剪相比，涉及难度较高的图形学、计算学等方面的内容。现在很多学校教授比较多的是原型裁剪，这是一种相对简单易学的样版制图方法。

（2）原型裁剪

原型是指各种版型设计过程中所依据的基础样型，即设计上以具体的人体尺寸和外形为依据，尽可能简单的，适合人体形态、不带任何款式变化元素的服装样版，是人体的二围样版。所有的款式造型设计都根据设计意图，在原型的基础上展开变化，并最终完成服装的版型设计与裁剪。原型可以用平面制图的方式制作，也可以利用立体裁剪得到。根据覆盖部位的不同，原型可分为上半身原型、袖原型、裙原型、裤子原型、整身原型（图3.153）。

图3.150　斜裁连衣裙（Irina Schrotter）
图3.151　玛德莱尼·维奥尼特（Madeleine Vionnet）的斜裁作品
图3.152　利用平面裁剪得到的具有立体裁剪效果的裤子（陈思荆）
图3.153　服装原型

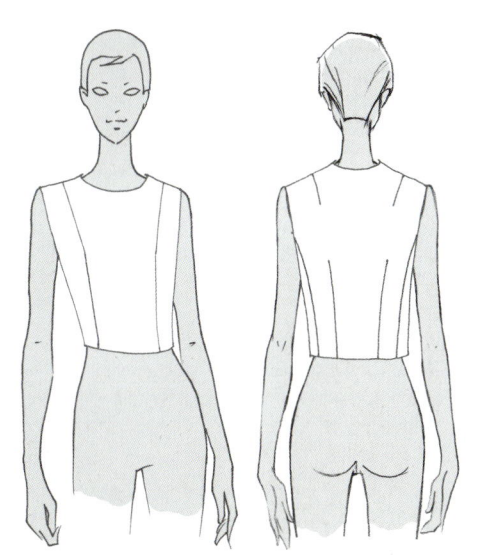
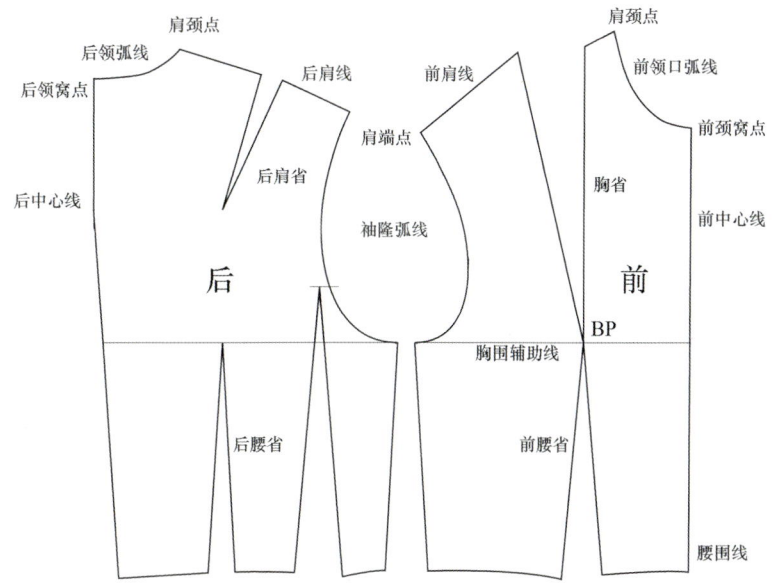

153

154

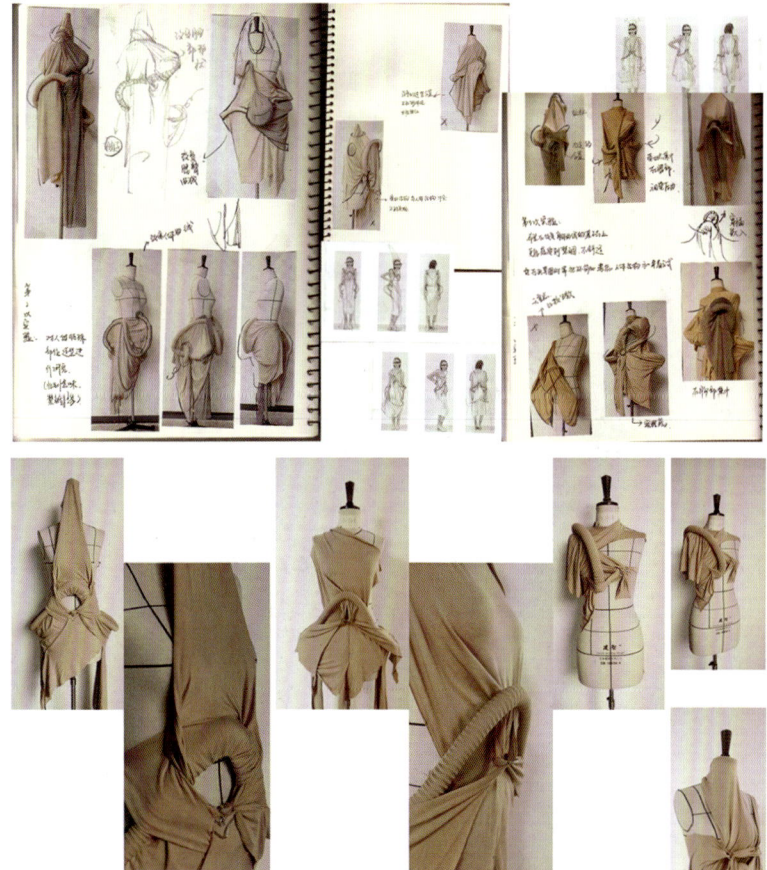

155

图 3.154　运用立体裁剪方法设计的服装设计（英国中央圣马丁 2012MA 毕业作品）
图 3.155　用立体裁剪的方法在人台上创造各种服装造型（张格睿）

（3）立体裁剪

立体裁剪是利用试用布料或坯布等材料，直接覆在人体或人台上，一边进行造型一边用剪刀进行裁剪，并用大头针固定，从而使设计具体化的版型设计方法（图 3.154）。在立体裁剪的操作过程中，设计师充当了艺术家的角色，通过对面料灵活的处理和塑型，不断充实并完善设计构思，实现设计效果图的三围立体形态（图 3.155）。在服装发展史上，巴黎著名高级时装设计师格

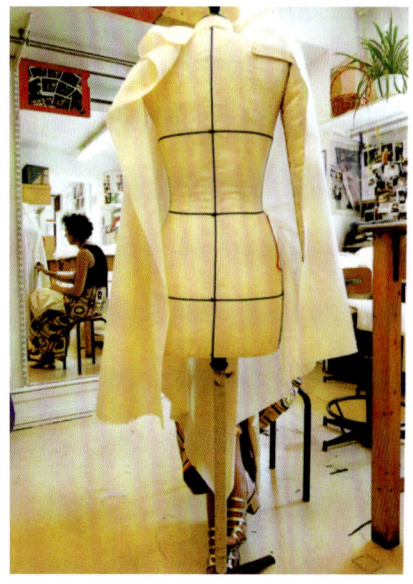

图 3.156　格蕾夫人 1944 年设计的晚礼服
图 3.157　克里斯汀·拉夸（Christian Lacroix）工作室内，打版师正在用白坯布立体裁剪服装
图 3.158　立体裁剪的过程（王悦）

蕾夫人（Madame Grés）就以其流动而富有立体感的立裁设计，被时装界誉为"布料的雕塑家"（图 3.156）。在立体裁剪时，可以直接使用实物的布料，但是为了更严格地把握服装造型，大多数情况下是使用弹性和可塑性较小的平纹组织的白色坯布，因为平纹组织能够帮助设计师正确地运用面料的经纬线，同时白色减少了色彩对把握造型和经纬线的干扰。面料通过大头针被固定成理想的立体造型后，在立裁完成的衣片连接处作好标记，拔出大头针，将每一片坯布展开，恢复成平面状态，整理后形成衣片平面纸样。整理过程中，坯布的经纬纱分别对应纸样的垂直线和水平线。由于衣片的连接部位是用大头针固定的，衣片展开后，缝合线位置就会出现不自然的曲线凹凸，因此需要修正所有的缝合线，使其线条流畅，同时保证两块布缝合时，缝合线的长度一致（图 3.157）。

实际操作中，平面裁剪与立体裁剪常常根据设计需要结合使用。在立体裁剪过程中特别是在准备坯布阶段，通常可以选择一个基础样版来帮助立体裁剪的实施。而在平面裁剪中也常常把立体裁剪作为辅助手段，例如一些带有垂褶设计的接近平面类造型的服装款式，可以先利用平面制图的方法绘制基本的版型并使用坯布裁剪组合，悬垂的部分则直接披覆在人台上，通过立体裁剪的方法进行处理。这种结合的裁剪方式可以使版型的准确度更高，并提高了工作效率（图 3.158）。

（4）解构

解构是指对结构进行分解与破坏后的再次组合构成，是对传统的颠覆性设计。服装设计中的"解构"是通过服

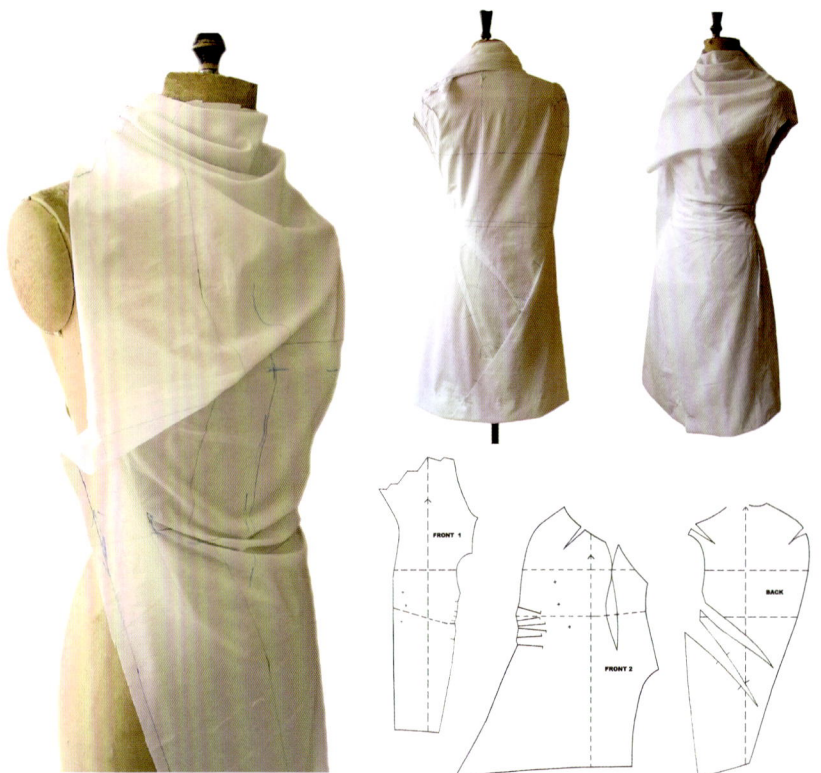

装的各个组成部分来看待服装，从传统的款式结构中演绎出新的服装结构。最早将解构主义带入时装界的是人们耳熟能详的几位日本设计师，三宅一生（Issey Miyake）、山本耀司（Yohji Yamamoto）和川久保玲（Rei Kawakubo），他们在20世纪70年代以日本独特的文化背景为底蕴，摆脱了以往的设计成规，向传统的服装观念挑战。最典型的解构就是外套可以里朝外穿，露出线头和衬里、粗糙的毛边、没缝完的缝头等，都是设计师有意为之的精彩设计（图3.159~图3.161）。

5. 坯布样衣

坯布样衣是指在正式制作成衣之前，用代替材料试制的初级样衣。在服装设计过程中，效果图是无法充分表达出服装立体效果的，为了确保样衣的质量，在样版制好以后，往往先按照结构设计的结果将裁好的衣片进行假缝处理，通过假缝直观地显示服装造型中各个部位的具体结构（假缝是指用手工针或平缝机车大针迹将服装缝合成便于拆开的状态，以便发现结构中的不合理之处、易于修正）。样衣完成后选择与样衣尺寸接近的模特架或真人试穿，其目的是寻找服装与人体之间的不合理处或设计构想中的不足之处，进行及时的修正和调整，尽量使真实效果与设计意图相吻合，使服装整体造型与结构准确、合理（图3.162）。

6. 修版

制版师根据坯布样衣的试样结果和设计师的具体修改意见，对纸样进行修正。有些款式需要反复多次的试样和版型修正工作，目的是为了尽量使真实的立体服装效果与设计意图相吻合，并确保服装结构和工艺中存在的问题得到真正的解决，直至制成可用于样品制作的样版。

7. 样品工艺单与样衣生产

设计师要根据实验样片、坯布样衣的修正结果，修改完成样品制作工艺单、辅料单。其中包括款式图、设计说明、工艺说明、细节指示。所使用的材料小样、辅料明细以及必要的工艺实验样片等。最后与修正过的纸样合并，交送样品制作部门准备进行样衣生产。

159

160

161

162

图3.159　解构设计的连衣裤（Cry Lyqaborn）
图3.160　服装的解构设计（川久保玲，Rei Kawakubo）2022秋冬系列
图3.161　立体解构设计的裙子（Macqua）
图3.162　坯布样衣

六、中国元素拓展设计

在全球化的时代背景下,讲好中国故事,已经成为每一位设计师的责任与使命,中国传统文化博大精深,中国传统服饰不仅反映了古代文化、地域和民族特色,还承载了古人千百年来的造物智慧、精巧技艺和美学追求。因此,学习中华传统服饰沉淀出的瑰丽文化遗产,将传统元素融入现代服饰设计及时尚审美中,用现代思维去重释博大精深的传统文化内涵,继承传统的同时,不断创新,对丰富现代服饰多样性、使中国服饰走进国际舞台有着重要意义。

(一) 传统纤维

我国古代纺织品原料主要有四大类:棉、麻、丝、毛(图3.163)。

棉纤维是棉花种籽上覆盖的纤维,简称棉。根据纤维的粗细、长短和强度,原棉一般可分为长绒棉、细绒棉和粗绒棉三类。中国南部、西南部亚热带地区和新疆一带早在秦、汉时期就已种植和利用棉花,宋元时期逐步向中原推广,明时已在全国普及,成为最主要的衣料原料。

毛纤维指的是从某些动物身上取得的纤维为由角朊组成的多细胞结构。中国古代纺织品会使用羊毛、山羊绒、牦牛毛、兔毛、羽毛等动物纤维做原料织成毛纺织品,早在新石器时代,中国新疆、陕西、甘肃等地区的手工毛纺织生产已经萌芽。

丝纤维是指由蚕、蜘蛛等昆虫分泌出来的天然蛋白质纤维。常用丝纤维包含桑蚕丝、柞蚕丝、蓖麻蚕丝、木薯蚕丝等,桑蚕丝质量最好。以蚕丝为原料的纺织品起源于中国,早在新石器时代,中国已发明丝织技术。丝的特点可以概括为"长、滑、柔、透",它是所有纤维中最长的,而且滑润、柔软、半透明、易上色、色泽光亮、柔和。

麻纤维是从各种麻类植物种中提取的,主要有苎麻、黄麻、青麻、大麻、亚麻、罗布麻和槿麻等。其中苎麻、亚麻、大麻等纤维较长可作纺织原料,织成各种凉爽的麻布、夏布,也可与棉、毛、丝或化纤混纺;黄麻、槿麻等纤维短,适宜纺制绳索和包装用麻袋等。麻纤维具有良好的吸湿散湿与透气的功能,传热导热快,凉爽挺括、出汗不贴身、质地轻、强力大、防虫防霉、静电少、织物不易污染、色调柔和大方、粗犷、适宜人体皮肤的排泄和分泌等特点。

(二) 传统纺织服装工艺

中国纺织服装工艺包括:纺纱、染色、织造和刺绣等。

1. 纺

纺在中国有着悠久的文化历史,可以追溯至数千年前。总体上可分为原始手工纺织时期和手工机具纺织时期两个阶段。原始时期,人们手工制纱并利用纺坠纺纱(图3.164),原始腰机织布。随着时间的推移,纺织业不断发展,纺织工具不断更新换代,开始进入手工机具纺织时期,创造出的竹笼机、大花楼机、多锭大纺车等纺织机具可以代表当时世界纺织生产的最高水平(图3.165~图3.167)。宋元时期是中国纺织业的鼎盛期,这一时期著名的棉纺织家、技术改革家黄道婆,因传授先进纺织技术、推广先进纺织工具以及促进长江流域棉纺织业和棉花种植业发展,而受到百姓的敬仰,被后人誉为"衣被天下"的布业的始祖。

图3.163 棉、毛、丝、麻(图片来源于网络)
图3.164 纺锤(图片来源于网络)
图3.165 广西宾阳的竹笼织机(苏州丝绸博物馆)
图3.166 大花楼机(摘自《天工开物》)
图3.167 水转大纺车(摘自《永乐大典》辑出本《农书》之摹绘本)

163

164

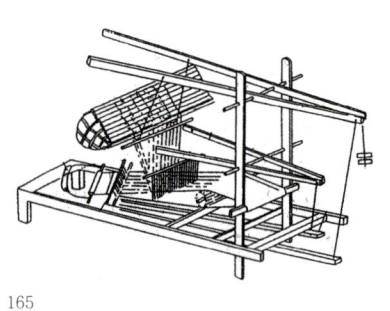
165

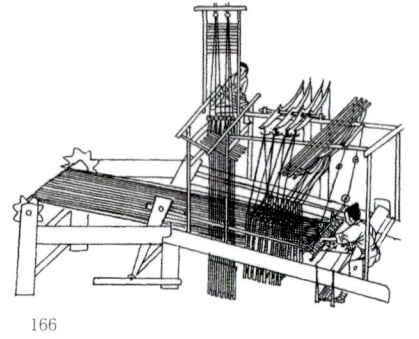
166

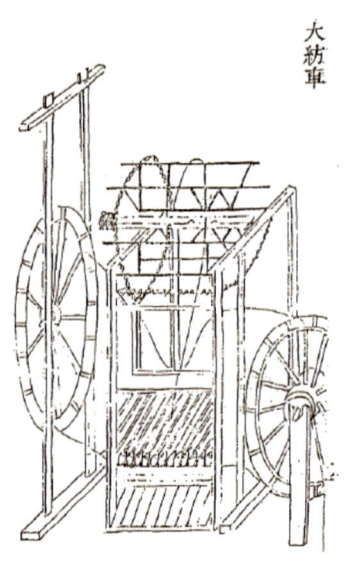
167

图 3.168　天然染色材料（北京稻荷草木染工作室）
图 3.169　绞缬工艺（北京稻荷草木染工作室）

今天，在大规模工业化生产的时代背景下，虽然现代机械纺纱能够更加高效地将纤维转化为纱线，但对于制作高端服装和工艺品需求时，手工纺纱的传统技艺仍以其独有的质感和文化优势被保存了下来。

2. 染

中国的传统染色工艺依然在当今社会中占有重要地位，广泛应用于服装、家居用品和工艺品等领域。其独特之处在于采用天然染料，这种传统技艺在现代社会中依旧发挥着不可替代的作用。古代中国的染料主要来源于矿物、动物和植物等自然材料，而植物染料占据了主要地位，其中包括茜草、蓝靛、黄柏等（图3.168）。这些天然染料不仅赋予面料鲜艳多彩的色彩，还符合现代社会对环保和绿色生活方式的追求，因此备受欢迎。

在中国传统的染色工艺中，一般需要经历多个步骤才能完成整个染色过程。首要步骤是材料的挑选，必须根据不同的材质和所需的颜色选择合适的染料。接下来是预处理阶段，其中包括洗涤、煮沸等程序，以清除杂质并提高染料的渗透性。随后是上浆阶段，通过将染料与纤维充分混合，确保染料均匀地附着在纤维上。最后是定色阶段，通常需要通过加热、加压等手段，使染料牢固地固定在纤维上，以防止褪色。

中国传统染色技艺包括"四缬"：蜡缬、绞缬、夹缬、灰缬。

（1）绞缬

绞缬工艺分为两个阶段：扎结和染色。其特点在于使用线在待染织物上捆扎打结，然后进行染色，最后拆开被防染的部分，便会在染色后的织物上形成留白的纹样。这种印染技术的独特之处在于每一种打结形式所呈现的染后图案千变万化，创造了一种机械印染难以达到的独特艺术效果（图3.169）。

（2）蜡缬

蜡缬工艺通过蜡刀蘸取熔化的蜡，在布料上绘制花纹，随后将布料浸泡在蓝靛染液中。完成染色后，蜡被去除，呈现出布面上蓝底白花或白底蓝花等多样图案。在染色过程中，被用作防染剂的蜡自然龟裂，营造出布面上独特的"冰纹"效果，增添了布料的迷人魅力。蜡染图案丰富多彩，色调典雅，风格独具特色，常被广泛运用于制作服装和日常生活用品（图3.170）。

图3.170 苗族蜡染衣片（民族服饰博物馆）
图3.171 蓝印花布《连生贵子》《四季花鸟》（摘自《各美与共生——中日夹缬比较研究》）
图3.172 福禄寿纹蓝印花布被面（清华大学艺术博物馆）

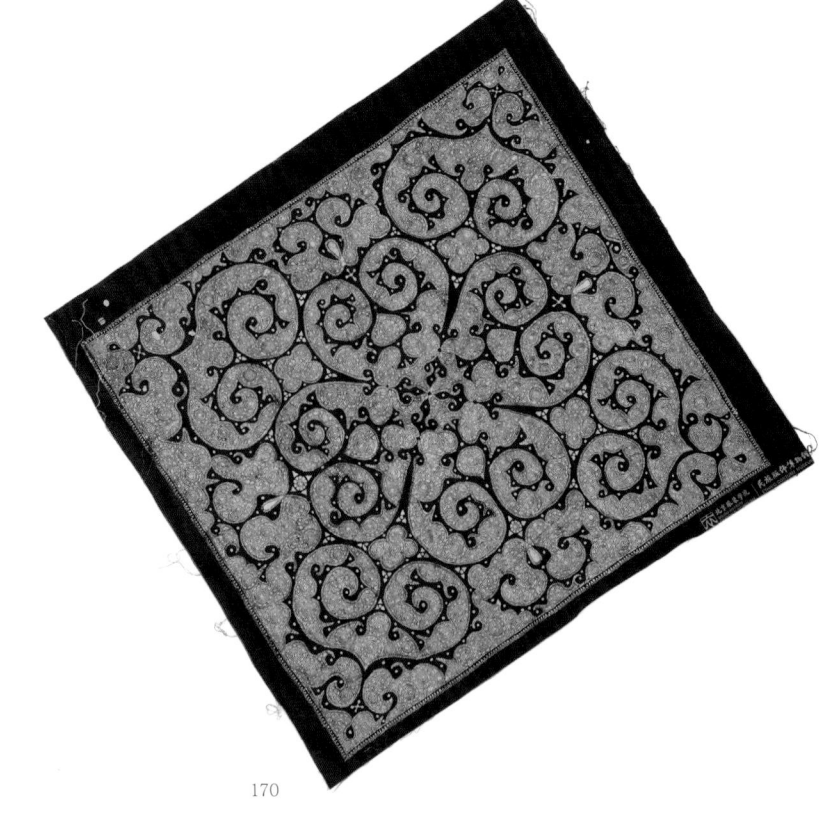

170

171

172

（3）夹缬

夹缬工艺的起源可以追溯到秦汉时期，而在唐宋时期达到鼎盛。这一技艺被认为是中国雕版印染和印刷的前身。在古代，夹缬工艺品曾被视为一种国礼。夹缬的关键步骤是使用一组对称的花版，将其紧夹在丝织物之间，然后将其浸泡在蓝靛染液中，最终实现织物的染色。这一传统技艺在中国的历史和文化传承中具有重要地位（图3.171）。

（4）灰缬

灰缬工艺是一种利用碱性防染剂来进行防染的技艺，与现代的蓝印花布工艺有相似之处，但其色彩选择不仅限于蓝色。在这一工艺中，防染剂通过型版滤出到布料上，然后将布匹浸泡、晾干，最终去除防染剂，形成花纹图案。灰缬工艺的独特之处在于型版的拼接方式非常灵活，同时使用轻便耐用的纸质型版，还有防染剂材料价格低廉，使其在染色工艺中具有独特的特点（图3.172）。

3. 织

中国的织布工艺包括平纹、斜纹、提花、缎纹等多种纹样。平纹是最基本的织布方式，而提花则是在面料上增添图案或花纹，以提高其装饰性。中国的锦缎因其光滑的质地和华丽的图案而闻名于世，常被广泛应用于宫廷服装和高档礼品中。下面列举一些具有代表性的织造技艺。

缂丝是一种以生蚕丝为经线，彩色熟丝为纬线，采用通经回纬的方法织成的平纹织物。缂丝按照预先描绘的图案，不贯通全幅，用多把小梭子按图案色彩分别挖织，使织物上花纹与素地、色与色之间呈现一些断痕，类似刀刻的形象，因此这种织法又称"通经断纬"（图 3.173）。

织锦指的是用染好颜色的彩色经纬线，经提花、织造工艺织出图案的织物。中国织锦是中国技术水平最高的丝织物，不同民族和地域的织锦呈现出多元的风格，如南京的云锦，四川的蜀锦，苏州的宋锦，广西的壮锦，湖南的土家锦，云南的傣锦，贵州的苗锦等（图 3.174、图 3.175）。

图 3.173 五彩凤穿牡丹圆缂丝（清华大学艺术博物馆）
图 3.174 苗族几何卷龙纹锦（民族服饰博物馆）
图 3.175 壮族八角星纹锦（民族服饰博物馆）

176　　　　　　　　　　　　　　177

色织是先将纱线染色后再进行织布的工艺方法，常见的有织造前对纱线染色再进行色织，以及织造过程中先对经线或纬线进行局部防染再色织两种。如民间的色织土布、山东的鲁锦、海南的黎锦、新疆维吾尔族的艾德莱斯绸等（图3.176、图3.177）。

4. 绣

刺绣是中国民间传统手工艺之一，在中国至少有两三千年历史。中国刺绣主要有苏绣、湘绣、蜀绣和粤绣四大门类。

（1）苏绣

苏绣起源于苏州，清代时期达到鼎盛，流派众多且名匠辈出。苏绣以其秀丽的图案设计、巧妙的构思、精湛的绣工、活泼的针法以及清雅的色彩，展现出独具特色的风格，同时充满浓郁的地方文化特色。苏绣注重运针变化，常用的针法有：齐针、散套、施针、虚实针、乱针、打点、戳纱、接针、滚针、打子、擞扣针、集套、正抢、反抢等。绣品多用于服饰、日用品和艺术品中（图3.178）。

178

图3.176　海南黎锦筒裙（马誉珂拍摄）
图3.177　新疆喀什维吾尔族艾德莱斯袷襻，局部（民族服饰博物馆）
图3.178　《森林之王》苏绣乱针绣（付健作品）

（2）湘绣

湘绣是起源于湖南的民间刺绣,吸取了苏绣和粤绣的优点而发展起来,已经有2000多年历史。湘绣以画稿为蓝本,讲求"以针代笔""以线晕色",其技艺特点主要表现在施针用线上。湘绣以掺针为主,有70多种针法且线色万千。具有生动、逼真的艺术特点,质感强烈。绣品应用广泛,如服饰、手帕、荷包、椅垫、桌围、枕套等。

（3）蜀绣

蜀绣是巴蜀地区流行的一种民间工艺,其历史悠久,上可溯到三星堆文明,与蜀锦并称"蜀中瑰宝"。蜀绣的主要原料包括软缎和彩丝,针法繁多居四大名绣之首,包括12大类122种,常用的有截针、晕针、铺针、掺针、沙针、滚针、盖针等,其特点有:针法严谨、针脚平齐、变化丰富、形象生动、富有立体感。

（4）粤绣

潮绣与广绣统称粤绣,源于我国潮汕地区。潮绣始于唐代,风格形成于明、清,流传于国内及东南亚一带。潮绣有着有强烈的地方色彩,构图饱满均衡且针法繁多,有绒绣、纱绣、金银线绣、珠绣四大类,针法六十多种。能够呈现清晰的纹理和丰富的图案,金银线的运用增加了绣品的华贵感,而垫高绣法则以其独特的浮雕效果脱颖而出,使得绣品的装饰性更加突出,同时色彩也更加鲜艳。绣品主要用于日用品、艺术品和剧服上（图3.179、图3.180）。

除四大名绣外,我国还有京绣、鲁绣、汴绣、瓯绣、杭绣、汉绣、闽绣等地方名绣,少数民族如维吾尔、彝、傣、布依、哈萨克、瑶、苗、土家、景颇、侗、白、壮、蒙古、藏等也有自己特色的民族刺绣。

图3.179 广绣（劳惠然作品）
图3.180 潮绣（李晓丹收藏）

图 3.181 DIC 中国传统色色卡 DIC 油墨涂料标准色卡 第三版（图片来源于网络）

（三）传统色彩

中国色彩源于自然，人们从观察天地运行间，日出日落和时序更迭的自然景色中得出各种色彩，颜色的背后蕴藏着流传千年的东方审美和古老智慧。中国传统色彩的命名与文学作品密不可分。为了描写生动，文学作品常常创造出大量的新词来表达色彩，比如形容天刚破晓时的"东方既白"。名字则来自苏轼的《赤壁赋》，"相与枕藉乎舟中，不知东方之既白"。此外还有梅染、落栗、鸦青、胭脂、若草、缃色、缥色、天水碧、月白、远山如黛、青梅煮酒……这些传统色名字也大多来源于文学名著和诗词歌赋（图 3.181）。

中国是世界上最早懂得使用色彩的民族之一，战国时期便出现了正五色（青、白、赤、黑、黄）的概念。中国传统色彩在文化和服装中扮演着重要的角色，代表了不同寓意和情感。以下是中国传统服饰中常见的色彩及其象征意义：

红色：红色在中国文化中被视为吉祥和幸运的颜色。它常常出现在婚礼礼服、春节和其他庆典场合的服装中。红色代表着喜庆、幸福和繁荣。

金色：金色代表着财富、尊贵和皇家。在古代，金色常用于宫廷服饰和皇帝的龙袍，象征皇权和权威。

蓝色：蓝色通常被视为高贵和清新的颜色，它在一些汉服和传统服饰中出现，代表着高雅和纯洁。

黄色：黄色被认为是帝王的颜色，因此在古代宫廷服饰中常见。它也与皇室家族和皇帝联系紧密。

绿色：绿色通常与自然、生长和健康联系在一起。在一些传统服饰中，绿色用于表现自然界的美丽和和谐。

白色：白色代表纯洁、清新和庄重。常见于一些婚礼礼服和葬礼服饰中，具有不同的象征意义。

黑色：黑色被视为与阴阳哲学有关，它象征着深沉、神秘和坚定。在一些传统服饰中，黑色用于表现庄重和权威。

（四）传统服饰结构

中国传统服饰讲求宽松、飘渺的型制，追求含蓄、优雅、温顺的审美意趣。中国传统服饰主要以十字型平面结构的特点为主，是指传统服装的二维平面设计中，以通袖肩线（水平方向）和前后中线（垂直方向）为轴线，形成了一种固有的"十"字型平面坐标结构。由于传统织布幅宽较窄，在物质匮乏的时代，十字型平面裁剪可以省去肩缝、装袖、省缝等步骤，避免面料的浪费，体现了古人敬天惜物、物尽其用的造物理念（图 3.182）。

传统服装通常宽衣大袖，采用围裹式的服装开合方式，通过交叉系扣或腰带等方式将服装紧固在身上，强调包裹和覆盖。这种设计不仅符合中国传统审美观念，还反映了社会伦理道德层面的内容。

（五）民族服饰

中国的民族服饰代表了丰富多彩的文化传统，每个少数民族服饰都有独特的风格，反映出他们的历史、信仰、生活方式和审美观。如汉族、藏族、苗族、侗族、朝鲜族等，其民族服饰体现

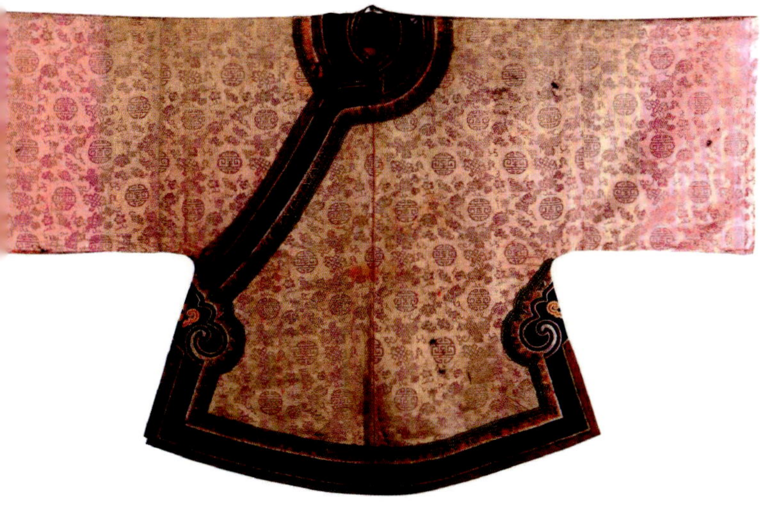

标本——正面

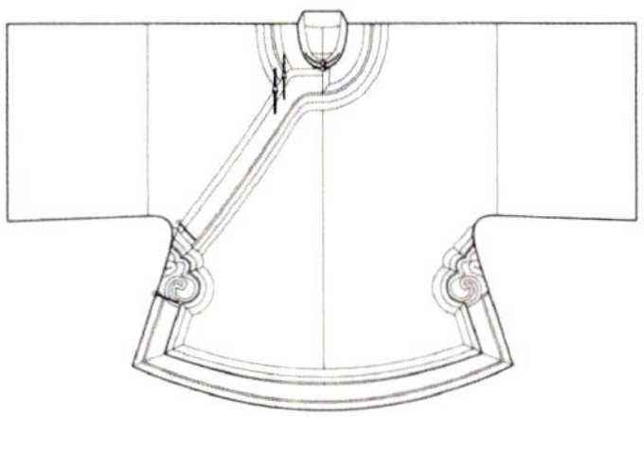

外观图——正面

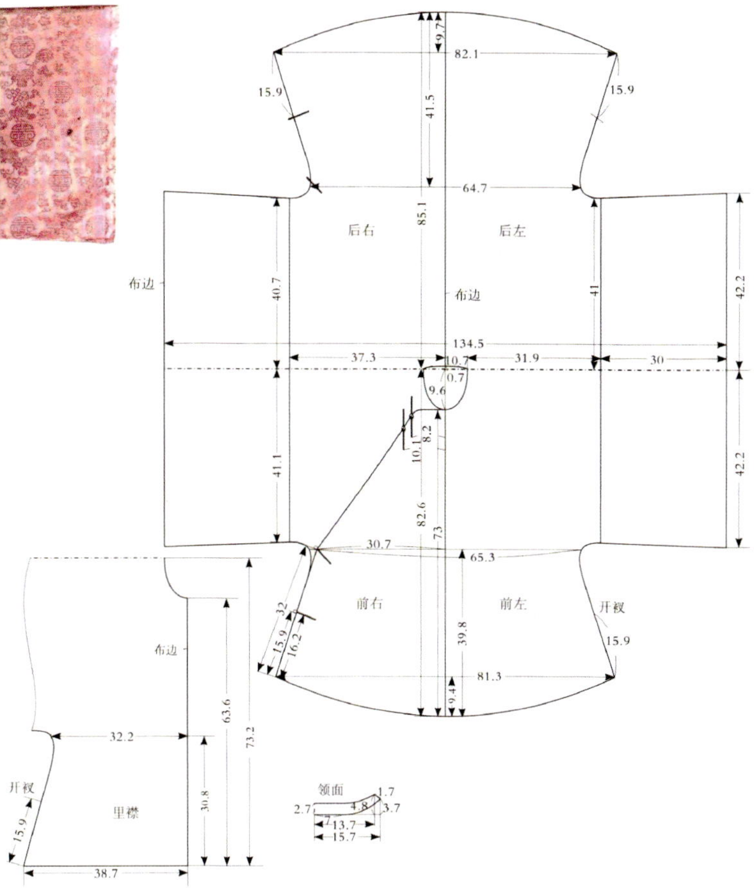

182

了多样的原料、纺织工艺、印染工艺、刺绣工艺、图案纹样、色彩表现、配饰及发式、文化价值等，反映出地域文化的丰富多元。以下举例说明。

藏族服饰的基本特点是肥大、长袖、宽腰、右襟，是一种无需量体裁衣的直线服装。袖长等身，袍长过体，无需纽扣。藏袍最讲究的是边饰、衣袖、衣襟，衣摆往往镶上贵重的毛皮和丝绸滚边，内衣一般为白缎衬衫。图案多使用驱邪纳福的宗教吉祥纹样（图 3.183）。

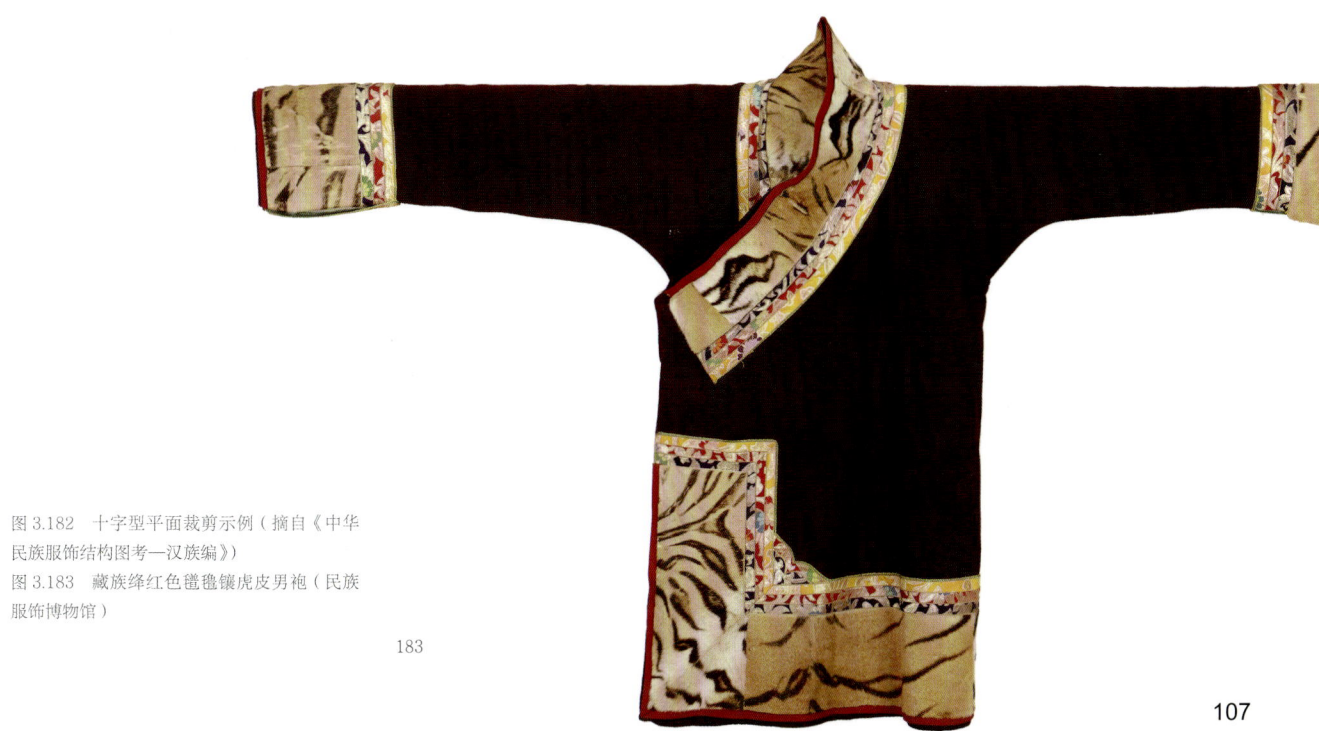

图 3.182　十字型平面裁剪示例（摘自《中华民族服饰结构图考—汉族编》）

图 3.183　藏族绛红色氆氇镶虎皮男袍（民族服饰博物馆）

183

苗族服饰样式繁多，据不完全统计多达200多种，是我国民族服饰中华丽服饰的代表。银饰、苗绣、蜡染是苗族服饰的主要特色。服饰图案大多取材于日常生活，有表意和识别族类的重要作用，被专家学者称为"穿在身上的史诗"。服装色彩方面追求颜色的强烈比对和厚重的艳丽感，一般为红、黑、白、黄、蓝5种（图3.184~图3.187）。

图3.184 苗族亮布蜡染左衽女上衣（民族服饰博物馆）
图3.185 施洞苗银牛角头饰（民族服饰博物馆）
图3.186 贵州省榕江县乌吉苗族服饰（林含拍摄）
图3.187 广西南丹苗族粘膏染百褶裙（民族服饰博物馆）

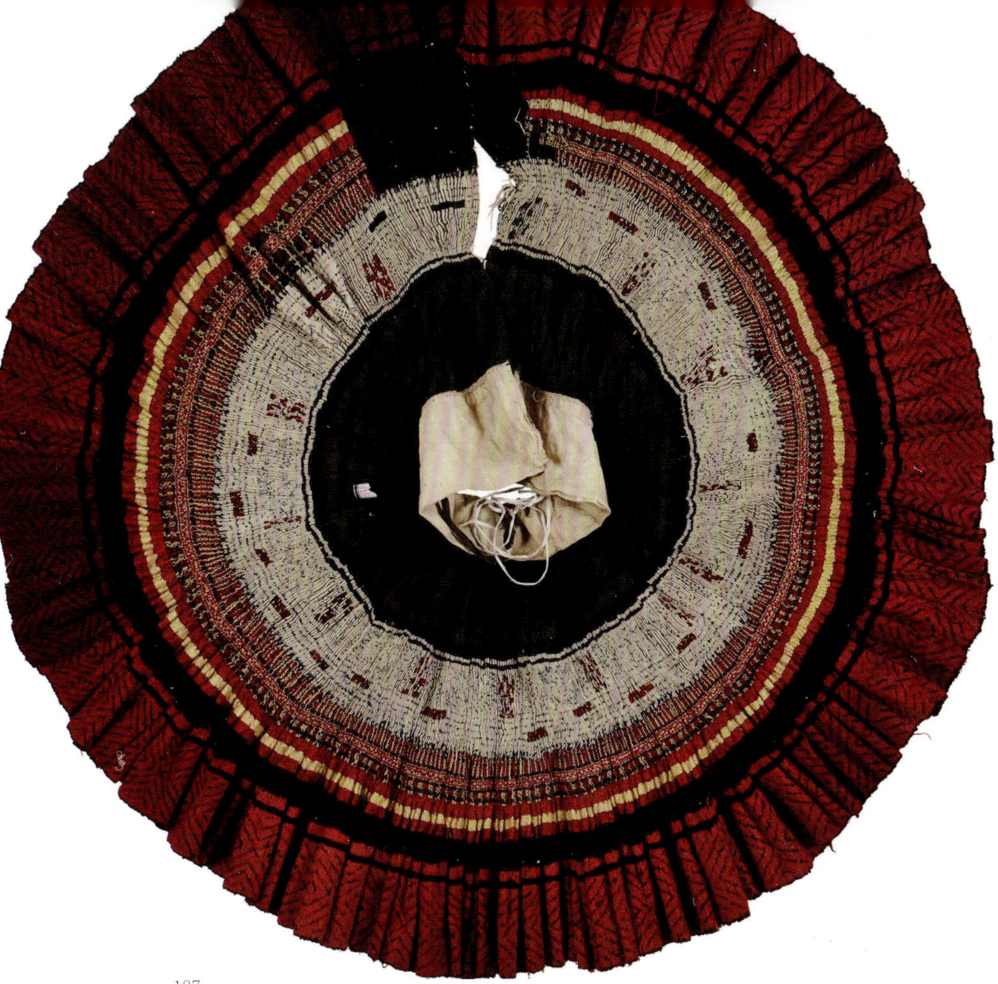

187

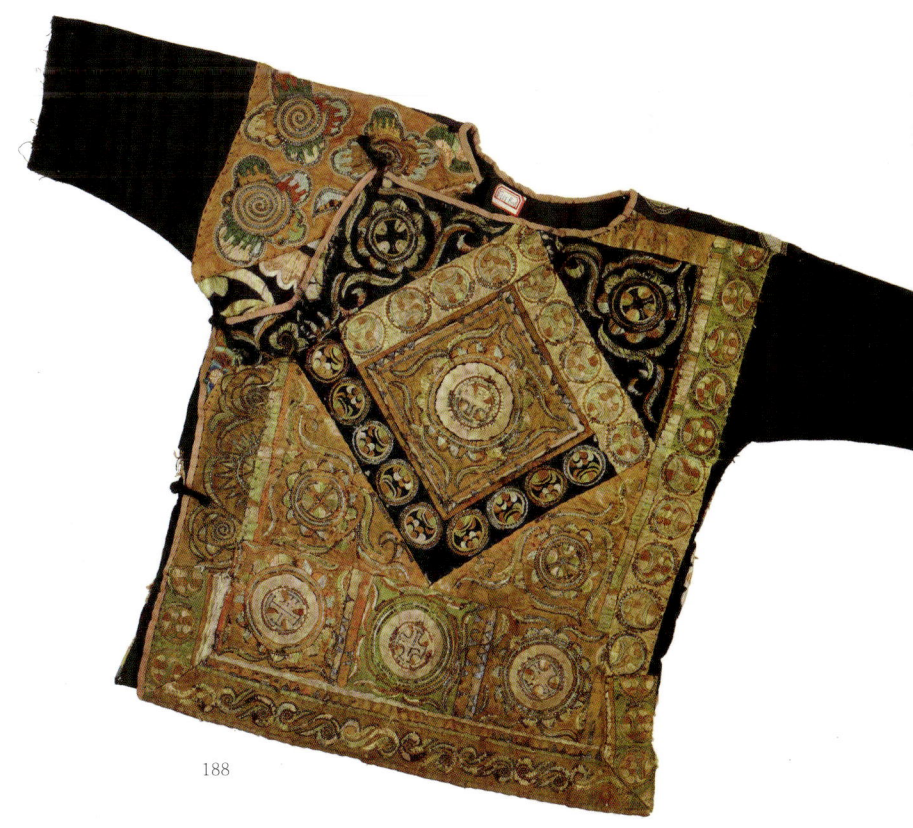

侗族服饰以其色彩艳丽、刺绣图案精美、工艺精巧而盛名。侗族服装可分为紧束型裙装、宽松型裙装和裤装。女性盘发，发髻包裹黑纱帕，配以各种精美的银饰。男性服饰简朴，多穿对襟上衣、短坎肩、侗族腰带、长裤和裹绑腿。侗族相信“万物有灵”，其服饰图案充满着对自然界的尊崇和信仰，如花鸟鱼虫、山川河流等题材，象征着对自然图腾的崇拜和祈福（图 3.188）。

188

图 3.188　贵州黎平县侗族银朝衣（民族服饰博物馆）

（六）传统元素当代设计应用案例

1. 传统色彩的设计应用（图 3.189）

作品《御云》（孙贺），以莫高窟第 249 窟窟顶壁画为灵感，其应龙象舆、赤螭青虬之态与周身云气形成具有律动感的"满壁风动"效果，跨越千年而不减其韵。设计通过数字化的处理突出人物御云之动势，探索莫高窟壁画在当代更丰富的内涵。

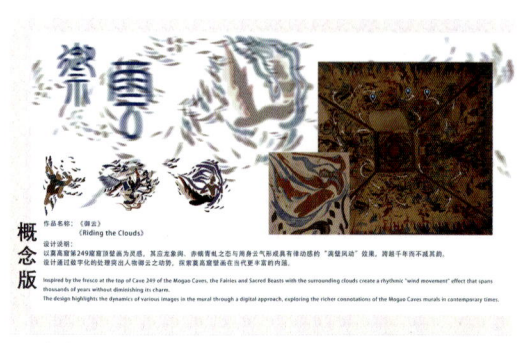

189（a）

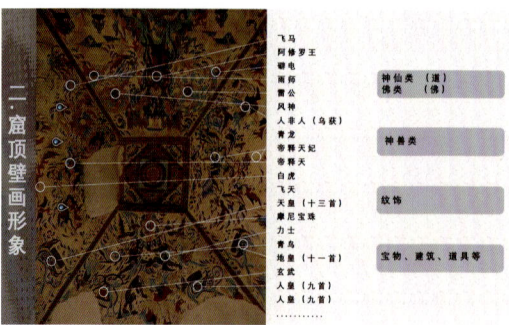

189（b）

189（c）

189（d）

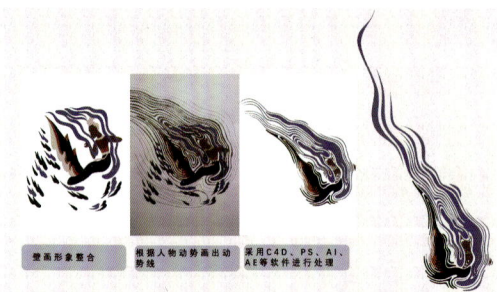

189（e）

189（f）

图 3.189（a） 概念版
图 3.189（b） 窟顶壁画形象分析
图 3.189（c） 窟顶壁画形象
图 3.189（d） 窟顶壁画动势分析
图 3.189（e） 设计过程
图 3.189（f） 工艺表达
图 3.189（g） 作品图片

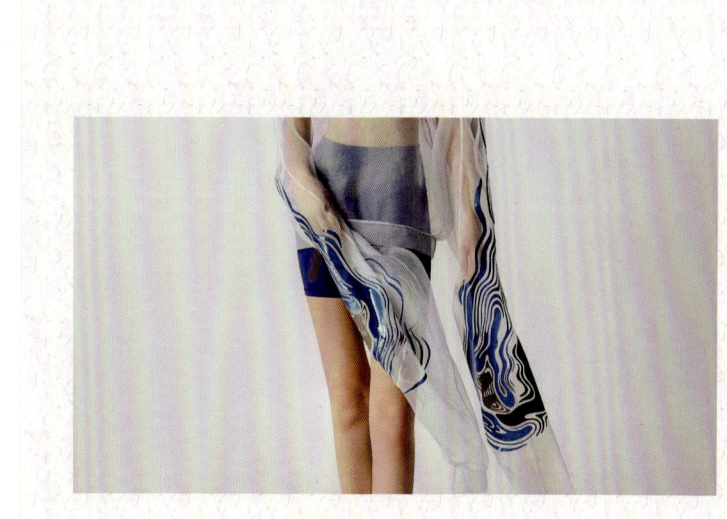

189（g）

2. 传统造型的设计应用（图3.190）

作品《从山起》(张格睿)，以贵州少数民族盘发为设计切入点，从挖掘贵州本土传统少数民族文化出发，以当代审美结合当代服装工艺诠释安顺西秀苗族的"岩腊式"盘发，把起源于贵山的灿烂民族文化与当代主流审美碰撞交融，重组构建出丰富多元的视觉印象。

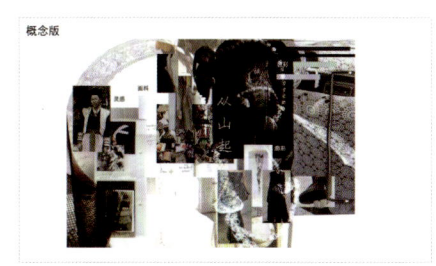

190（a）

190（b）

190（c）

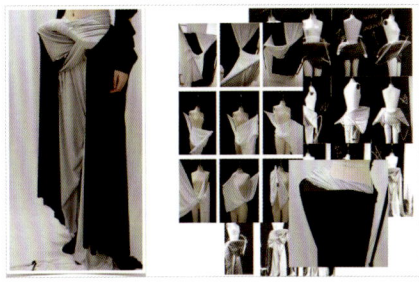

190（d）

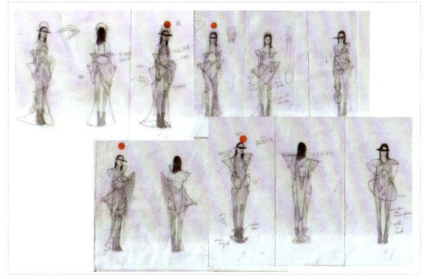

190（e）

图 3.190（a） 概念板
图 3.190（b） 灵感板
图 3.190（c） 根据盘发进行的造型实验——上衣
图 3.190（d） 根据盘发进行的造型实验——裙子
图 3.190（e） 设计草图
图 3.190（f） 设计效果图
图 3.190（g） 白坯样衣及制作过程
图 3.190（h） 作品图片

190（f）

190（g）

190（h）

3. 传统编结工艺的设计应用（图 3.191）

作品《梦蝶》（闫籽岐），该系列以蝴蝶和中国传统双钱结为设计灵感。图案方面归纳了蝴蝶翅膀的纹理，并以变形双钱结为主要设计元素进行设计。其以蓝紫色系为梦境的主要色系，以纱、PVC、TPU 半透明材料为主，虚实交融。

图 3.191（a） 灵感板
图 3.191（b） 设计效果图
图 3.191（c） 设计过程
图 3.191（d） 作品图片

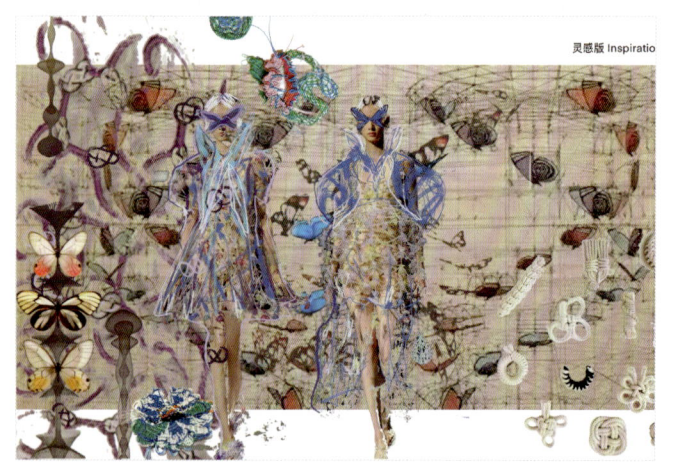
191（a）

191（b）

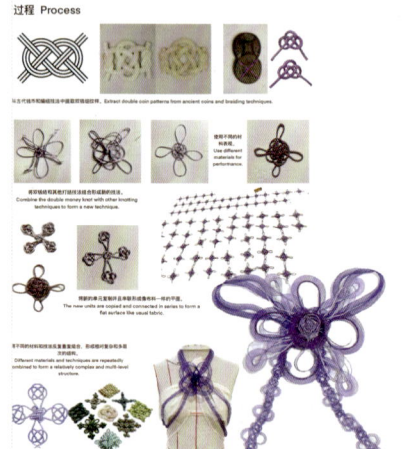

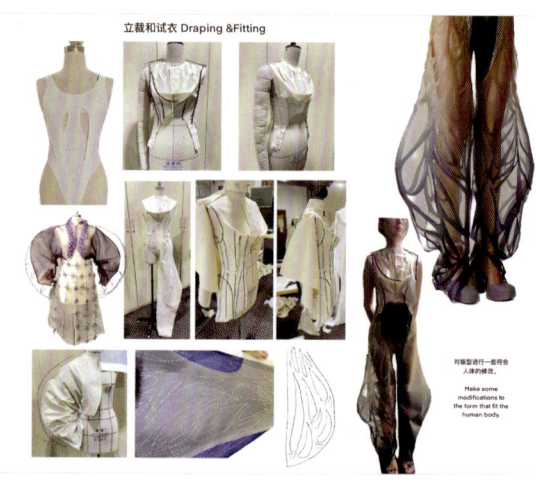
191（c）

191（d）

图3.192（a） 灵感板
图3.192（b） 设计效果图
图3.192（c） 人造棉染色过程
图3.192（d） 牛仔布染色过程
图3.192（e） 生物材料复合泥染面料
图3.192（f） 作品图片

4. 传统泥染工艺的设计应用（图3.192）

作品《痕迹》（吴赟），灵感源于土地被过度开发后所留下的痕迹。作品使用中国传统泥染工艺复合生物面料，将土壤被破坏的状态呈现在服装肌理上。随着人体的运动，面料会产生白色的龟裂纹，从而呈现出斑驳的大地风貌。

192（a）

192（b）

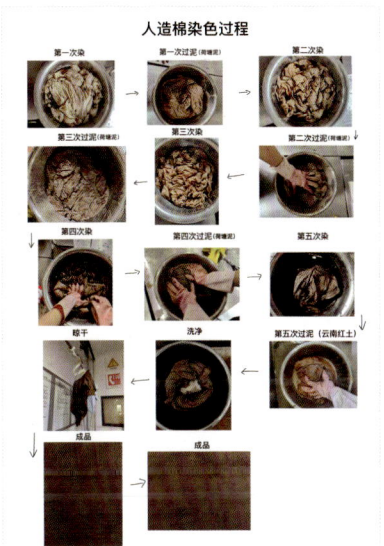

192（c）

192（d）

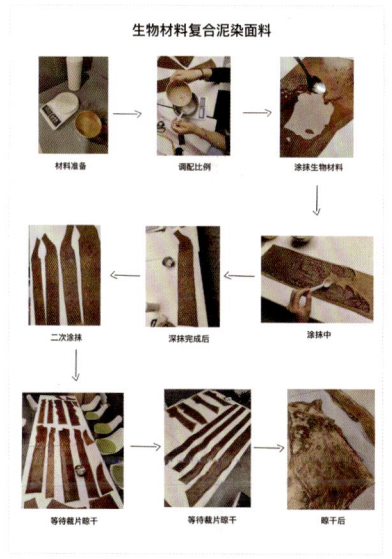

192（e）

192（f）

5. 传统纹样的设计应用（图 3.193）

作品《The future is now》(茹晨)，该系列以传统色织土布和环保面料为载体，从服装的角度探索了人类生活过去、当下与未来的内在联系，营造出从未来看现在的暧昧空间。

193（a）

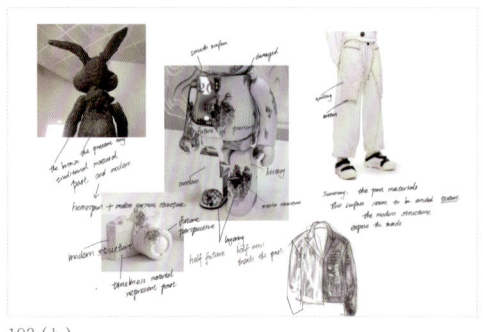

193（b）

图 3.193（a） 概念板
图 3.193（b） 灵感板
图 3.193（c） 设计效果图
图 3.193（d） 设计过程
图 3.193（e） 虚拟服装建模
图 3.193（f） 虚拟服装展示
图 3.193（g） 虚拟服装展示

193（c）

193（d）

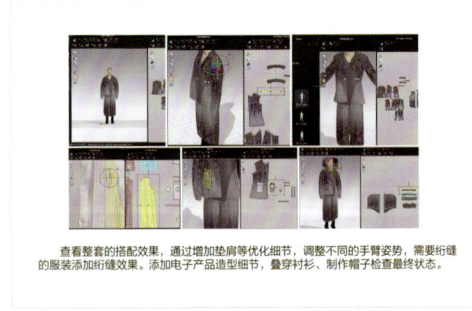

193（e）

193（f）

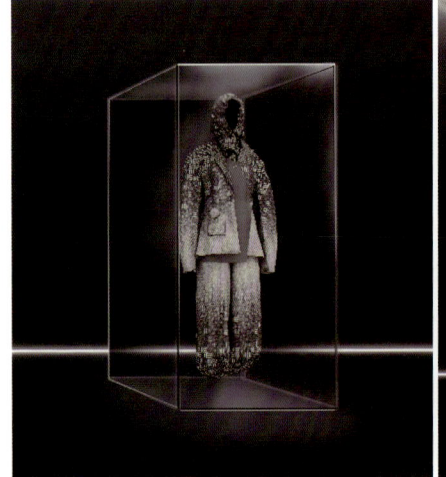

193（g）

6. 传统文化元素的设计应用（图 3.194）

作品《浮影游梭》（李佩璇），灵感源于中国太极文化。运用阴阳鱼图案的形成原理，模拟一天的日光起落，收集太极动作下重叠的影子形成面料图案。同时利用氨纶面料的收缩性，与网纱复合，用太极动作轨迹进行缩褶，形成独特的流动肌理，力图通过面料改造的方法，体现虚实、流动、逍遥的东方美学与阴阳平衡文化。

194（a）

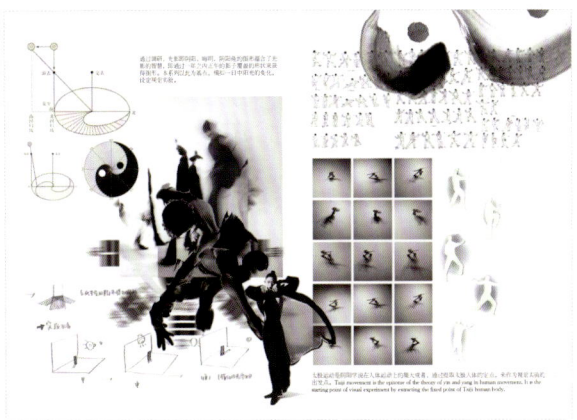

194（b）

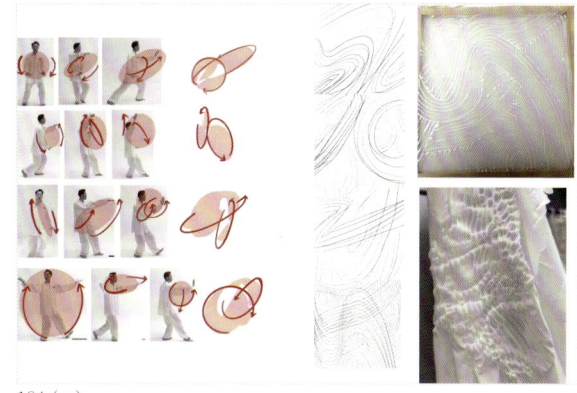

194（c）

194（d）

194（e）

图 3.194（a） 灵感板
图 3.194（b） 设计过程 1
图 3.194（c） 设计过程 2
图 3.194（d） 设计过程 3
图 3.194（e） 设计效果图
图 3.194（f） 作品图片

194（f）

第4章 服装产品开发与推广

服装产品的设计开发是一项复杂的工作,企业开发新产品要遵循一定的设计程序和产品策略,设计生产适销对路产品的同时,还要设计其在市场上的品牌形象,通过多种推广方式,及时向消费者传递所提供的产品和服务信息,以期扩大销售。

一、服装产品设计开发

(一) 服装产品开发流程

服装产品从确定设计风格—市场调查与研究—制定产品企划方案—样衣制作—批量生产—成衣销售,要经历若干个环节,设计在整个环节中居于前端位置,与企业整体的运作紧密相连,因此,作为服装设计师必须遵循一套科学的设计方法与设计程序,认真、深入地完成每个设计环节,以此确保新产品开发的顺利完成。

1. 确定服装产品风格

服装产品的风格代表着企业的整体形象,是在品牌理念指导下服装产品所呈现的独特个性和表达方式,而风格则是通过服装造型、材料使用和制作工艺等几方面逐渐体现出来的。如果服装的风格得到市场的认可,那么企业的产品就会在消费者心中树立良好的形象。因此,任何一个企业都需要对选定的消费对象进行系统而全面的分析,在正确了解消费者的性别、年龄、生活环境、文化修养、购买力等各方面的情况之后,再结合企业本身的实力和优势,制定出符合目标市场需求的服装设计风格方案。在服装整体风格确定之后,每一季的设计主题还应随着流行趋势及市场需求的变化而调整。

2. 服装产品调研与定位

当服装产品的风格基本确定之后,细致和全面地了解消费者市场、消费对象以及竞争对手就成为企业设计过程中至关重要的一步。服装市场调研的范围广泛,首先是对国内外流行趋势(包括最新一季的服装款式、色彩和面料)的调查。这类资料的收集可以通过参加国际国内专业博览会和发布会以及通过网络、电视、杂志等媒体获得。其次是对服装面料和辅料市场动态的了解(包括面辅料的价格、新产品的开发、流行趋势)。最后,还要针对本企业具体的服装风格定位进行线上线下的市场调查,调研的对象包括各层次的服装消费者和经营者。调查的主要内容有服装的造型、色彩、面辅料、价格、销售量、配货情况、店面陈设、销售方式等。另外,服装市场的调研还包括对销售区域内风俗习惯、文化差异、审美观念等方面的了解。

市场分析是调研的第二个步骤,根据企业自身的风格特点对大量的调研资料进行认真总结,分析流行变化趋势、市场的优势与问题、目标消费者的审美趋向等,以理智和严谨的分析,为企业的产品定位和产品企划提供正确的依据。

3. 制定产品企划方案

设计师根据前期的市场调研和分析的结果,对新一季的流行趋势进行预测,提出并确定具体的产品企划方案,即新的服装产品的总体定位。

服装产品定位主要包括设计定位和价格定位两方面。服装设计定位是设计与需求之间的融汇点。具体地讲,是服装的款式、色彩、材料、配件、制作工艺与企业的整体风格及市场需求的结合点,是设计师在分析市场调查资料,了解消费者层次,总结消费热点的基础上,结合企业自身的优势和特点而拟定的。此外,在服装设计定位确定的同时,企业还应在准确掌握消费者信息的基础上,拟订服装的价格定位,即产品的成本价格,批发价格及零售价格等。总之,服装产品定位直接影响到产品的销售和企业的发展,服装设计定位和价格定位的过程,是全面理解、反复推敲的过程,更是企业中产品设计操作过程中的重要环节。因此,最终提交的服装产品企划方案,包括服装总体的产品组合、品类配货、价格、尺码与具体的款式、色彩、面料、辅料、工艺手法、设计说明等,这些都必须在服装产品总体定位的基础上完成。在拥有多条产品线的服装企业中,这项工作一般由设计总监完成,设计总监负责根据产品的企划,分配给设计师或助理设计师每一季节或系列的具体设计任务。

4. 设计方案及样衣试制

从设计方案到新产品的展示和发

布，服装设计的方案要经过几次细致的筛选。首先，根据已确定的服装设计定位，结合新一季的流行趋势，提出产品设计方案；然后，经过讨论对优秀的设计方案进行补充、修改，并以效果图和款式图的方式表现出来（附面料样品、设计说明书等），提交设计总监和部门主管进行筛选；最后经过反复调整，选定恰当的服装版型，适合的面料，设计合理的工艺制作方法，将选定的方案以服装实物的形式表现出来，即样衣试制。对于一些专业技术性较强的产品如毛皮服装、针织服装等，则会在专门的服装加工企业由专业产品设计师配合企业设计师完成。在设计的样衣完成后，设计师还要与销售等部门的人员共同讨论服装的款式、色彩、面料等方面的设计要素，分析市场销售前景，最终确定投产的系列产品的设计方案及价格定位。

5. 产品推向市场

从服装产品的样衣制作到销售的过程可分为三个阶段，即产品定货、成衣批量生产和市场销售。服装企业通过服装发布会、广告及有关媒体宣传新的服装产品，以便和服装销售商或买手建立联系，达成定货协议。在服装制造商接到产品定单后，在已确定的服装版型的基础上，制作服装批量生产的工业用版，并按照归纳的号型进行版型的缩放，制作工业生产的工艺流程书，然后进入批量生产阶段。在完成对新产品的包装和促销等活动后，分别通过批发和零售等有效的销售渠道将新的产品推向市场（图4.1）。

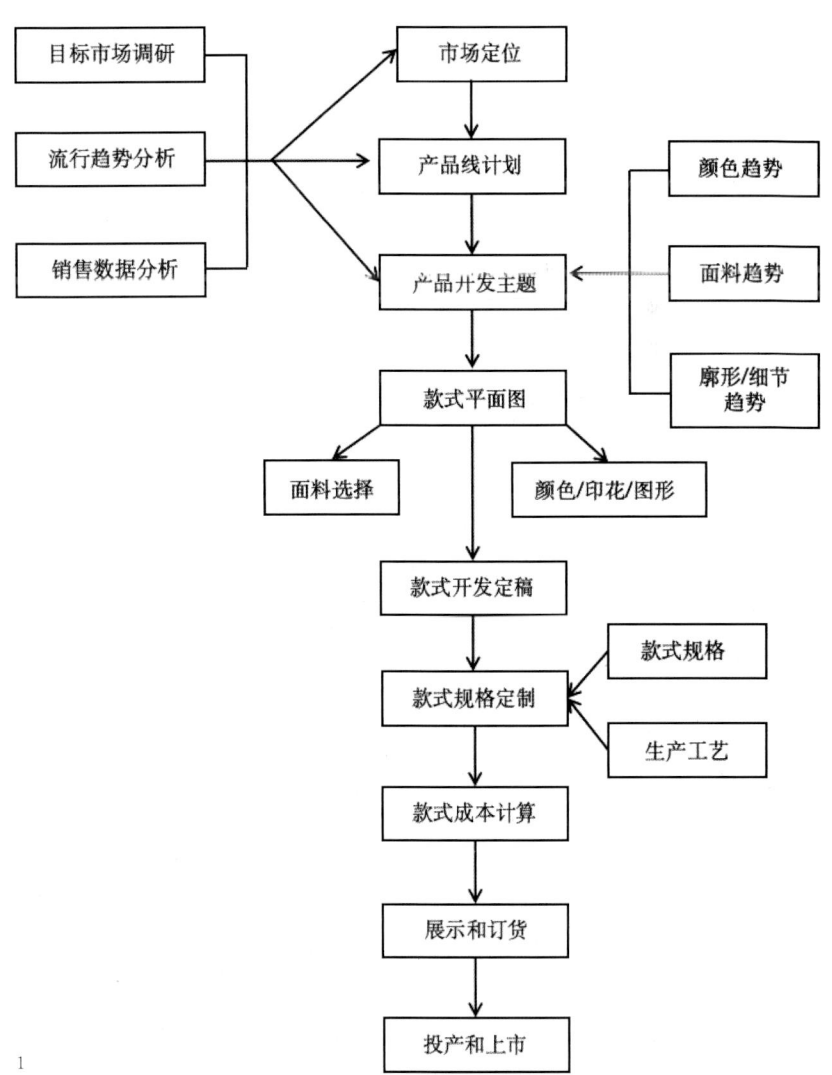

(二)产品开发周期

在工业化的成衣制造业中,大多数的服装品牌或生产厂家都会以季节为单位,每年开发春夏、秋冬两季或者春、夏、秋、冬四季的服装新产品,一般企业会在产品上市的半年前进行设计样品的发布,这也就意味着服装的设计与制作要比消费者在商店看到的时间提前一年左右。随着市场变化与竞争的加剧,服装产品开发越来越呈现出短周期、高频率的趋势,很多品牌每年可以开发到8~10个产品线,甚至更短的周期。

(三)系列产品组合

系列产品组合是以消费者为设计对象,为满足消费者的着装要求和审美需求,设计生产的系列服装与配饰产品等,并以产品的销售赢利为主要目的。系列是产品组合的线索,通过系列设计可以表现产品形象的完整度,使产品的推出具有条理性和秩序感,组合内的产品可以通过互换进行搭配,同时系列还可以有计划地保证产品开发在每个季节的风格延续。

在服装业产品线也简称为"系列"。一个系列是企业提供的包括服装及服饰品在内的全部应季的产品。

1. 服装产品组合

现代服装企业提供给市场的不再只是一种产品,而是产品组合,包括企业生产或销售的全部产品种类及其品质、数量比例等。产品组合由产品线和产品项目构成,也称服装产品搭配。产品线指的是企业提供给消费者的关系密切的系列产品,这些产品往往具有某些相似的特征,比如产品功能上的相似,供给相同的目标顾客群,在同一价格范畴内以相同的分销渠道销售出去。每条产品线包含若干产品项目,服装企业的产品项目(产品品种)由尺码、价格、款式、规格等属性来划分具体产品。

(1)服装企业类型

根据目标、规模、类型的不同,服装企业大致分为三类。

一类是服装生产加工企业,他们专注于某类单品服饰的生产与研发,例如针织品、皮草服装、鞋和包等品类。这些企业所要考虑的是如何不断提高产品质量与设计和为哪些客户提供生产与服务。另一类企业或服装工作室拥有独立的服装品牌,强大的产品设计和品牌运营能力,它们组织产品的设计开发和营销活动,将生产委托给加工型企业;第三类是介于这两者之间的服装企业,既有一定的设计能力和品牌,也有部分或全部生产能力。无论对于哪类企业,在运营过程中的最重要的决策就是向目标市场提供何种产品组合。

除了以上讲到的三类企业以外,以个人为主导的工作室也成为当下很多独立服装设计师采用的商业模式,服装工作室大部分是专业设计师自己开设的,是设计师从事设计和销售设计的地方,在服装工作室,设计师可以以独特和个性化的方式设计、陈列和销售自己的设计作品。这里讲到的工作室与传统概念的服装工作室不同,设计师除了做服装设计的工作外,还开发和生产自己品牌的服装,但是与一般的服装企业相比,服装工作室没有自己的加工厂,工作室的构成一般也只有设计师、样衣工以及营销员。工作室的服装营销大致有两种模式。一种是为不同的品牌服务,不刻意迎合市场,却能将自己的设计风格融入到客户的品牌中;另一种是销售自己品牌设计风格明显的服装作品,树立自己的工作室形象。在国外,服装工作室已经成为一种很成熟的设计模式,很多工作室甚至只将一种服装品类作为设计上的主攻点,并吸引了很多独立品牌和多品牌商店买手购买每个季节的新品设计(图4.2)。

图4.2 山本耀司(Yohji Yamamoto)工作室,展示于2005年巴黎个人回顾展

（2）相同目标市场下的多条产品线组合

不同企业产品组合中有针对相同的目标市场，由多条产品线构成的组合方式。如迪奥（Dior）公司把法国高级时装业从家庭传统作业引向现代化操作，其品牌定位为高端的目标客户群，产品线涉及高级女装、高级成衣、童装、各类服饰品、香水系列、化妆品系列等。产品项目包括服装：休闲装、职业装、礼服等；服饰品：手套、鞋、包、珠宝、眼镜等。所有这些产品项目都统一使用迪奥品牌，丰富的产品组合满足了目标消费者的多样化需求。

（3）不同目标市场下的品牌组合

产品组合中还有针对不同目标市场的品牌组合与管理。德国胡戈（Hugo）公司由原来只生产波士（Boss）牌男装，扩展为三种不同类型的男装系列产品线就是一个典型例子。胡戈·波士（Hugo Bosss）品牌分为Boss-Hugo Boss、Hugo-Hugo Boss、Baldessarini-Hugo Boss三个品牌营销。Boss-Hugo Boss仍是公司的核心品牌，以上班族男士套装为主；Hugo-Hugo Boss为时尚潮流的男士设计；Baldessarini -Hugo Bos则以品味超凡，要求严谨的男士为对象。三种品牌，三种定位、三个产品项目针对不同男士的衣着需求。

（4）优化产品组合

在现代市场经济条件下，为更好地满足市场需要，提高企业产品竞争力，每个企业都在致力于从产品组合的宽度、长度、深度等方面优化产品组合的结构。产品组合的宽度，指一个企业所拥有的产品线的数量，较多的产品线，说明产品组合的广度较宽，有利于企业开拓市场；产品组合的长度，指企业所拥有的产品大类中产品品种的总数，如果品牌有各种各样的单品可供选择，有利于提高企业的市场占有率；产品组合的深度，指产品线中每个品种的花色，规格和数量，如果组合内各品种的尺码规格，花色样式齐全，适应消费者的不同需求，可称为有深度的产品组合。在多数情况下，服装企业开始时经营的产品都比较单一，随着企业的发展，开始进行品牌的延伸。如瑞典时尚品牌H&M作为欧洲最大的服饰零售商，产品线从最初的女装延伸至现在的女装、男装、婴儿装、童装、青少年装、内衣、配饰、家纺以及限量时装，在所有的各线产品之间，从基本服装到经典款式，再到时尚前沿，涵盖领域很宽，颜色也非常齐全，所有的基本款每一款都有不同的颜色和号型可供挑选，多元化的产品线使他们的消费群体变得非常庞大，有效地占领了市场。

2. 服装品类组合

服装品类组合是指企业在每一季的新产品上市时，将上装、裙、裤、鞋、包等服饰品类集中起来构成某一品牌的产品组合，俗称一盘货。服装品类组合应重视不同品类服装在色彩、材料、细部之间的系列关联性，并根据主题商品、畅销商品、长销商品的比例确定每一款型的数量，同时设定衬衫、针织衫、裙装、裤装、外套等不同品类服装的构成比例。其中主题商品能够鲜明地展现出季节的理念主题，突出体现流行与时尚，常被作为展示的对象；畅销产品一般延续上一季热销的产品，并融入一定的流行时尚特征，是当季促销的对象；长销产品通常为经典款式，受流行趋势影响较小，在每个季节都可以稳定销售。三类商品根据产品和目标消费群体的定位所采取的构成比例（图4.3），其中金字塔的造型常被大众化的服装品牌所采用，例如个性特征不明显的男装品牌，内衣品牌；而枣核的造型则常见于流行高感度、个性化的时尚品牌。表4.1为某女装品牌2020年服装品类构成。

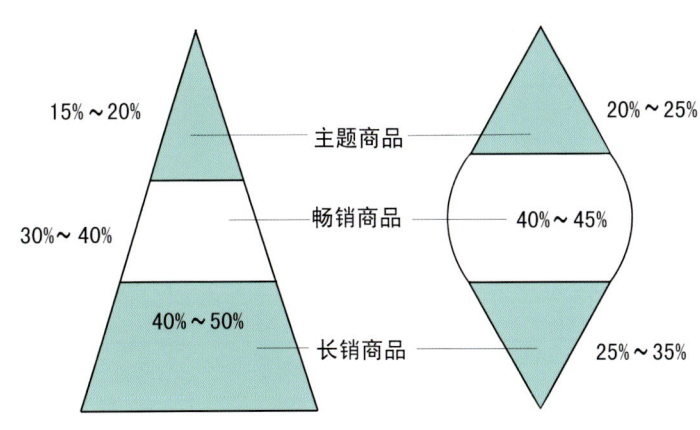

图4.3 三类商品的构成比例

品类	款式细分	品种细分	基本款	已选样衣	时尚款	已选样衣	Sub Total	Total	款式分配比例
羽绒服	长款		1		1		2	3	3%
	短款				1		1		
棉服	长款		1		1	112	2	10	11%
	中长款		2	111	3		5		
	短款		1		2	211	3		
呢子外套	长款		1		1		2	5	5%
	中长款		1		1	110	2		
	短款				1		1		
外衣汇总			7		11		18	18	20%
毛衫	长款	宽松	1		1		2	16	17%
		紧身			1		1		
	中长款	宽松	3		1		4		
		紧身	2		1		3		
	短款	宽松	2		1	808	3		
		紧身	1		2		3		
卫衫			1		2		3	3	3%
衬衫	长款				1		1	8	9%
	中长款		2		2		4		
	短款		2	733	1		3		
针织T恤	长款	宽松	2	665、674	1	657	3	20	22%
		紧身	2	639	1		3		
	中长款	宽松	2	663	1		3		
		紧身	3	UT005	2		5		
	短款	宽松			1	668	1		
		紧身	3	664	2		5		
上衣汇总			26		21		47	47	51%
连衣裙	毛衫连衣裙为主	3/4袖			1		1	4	4%
		长袖	2		1		3		
连衣裙汇总			2		2		4	4	4%
裤子	七分裤	牛仔	1		1		2	18	20%
		面料			1		1		
	九分裤	牛仔	1		2		3		
		面料			1		1		
	长裤	牛仔	4	LT012	4	319	8		
		面料	2	327、331	1		3		
裙子	中裙	牛仔	1		1		2	5	5%
		面料	1		1	短裙420	2		
	长裙	面料			1		1		
下装汇总			10		13		23	23	25%
系列汇总			45		47		92	92	100%

表 4.1 服装品类组合

图4.4 迪奥（Dior）2023度假系列
图4.5 Zara Studio 2023秋冬系列
图4.6 创意服装系列设计（张乐暄）

一般情况下，企业每年都会设计和生产春夏与秋冬不同的两季产品组合提供给市场，每一季组合的产品都是不同的，在延续品牌基本风格不变的基础上，产品的色彩、面料、款式都会有所变化。在每一个销售季节开始之前，经销商们都会非常关心企业新一季的产品组合，一方面是总体风格是否比上一季有所改进，另一方面是在整个产品组合中，有多少让人心动的新品。为了促进销售和增加市场份额，一些国际知名品牌，除了主线产品外，还会推出为特定时间设计的主题时装，如度假系列，圣诞系列（图4.4）。另外，"快时尚"也成为很多服装零售品牌所采用的生产和营销模式，即在每季的不同时间段不停地投放新的时装系列产品，典型的品牌如Zara、H&M（图4.5）。

（四）服装系列设计

服装系列由一组或多组相互联系又相互制约的服装群体构成，每组服装在款式、色彩、面料等方面具有共同的

主题，表达着一种风格。现代服装企业都非常重视产品的系列化设计，尤其是优秀的品牌在服装产品组合上的系列感会更加突出。企业在产品换季之初，会以系列化的形式向市场推出其产品。对于消费者而言，这些系列服装不仅较单件服装设计更具吸引力，而且满足各种层次消费者多样化的选择需求。系列设计的单件服装间既有各自鲜明的特点，又具有相同或相似的元素，通常传达出一个或者几个主题的文化内涵与服饰风格，充分突出了品牌形象特色和产品风格定位，无论是在服装专柜、橱窗陈列，还是T台展示，都会因设计元素的重复、强调和细节的变化而产生强烈的视觉感染力和冲击力（图4.6）。

服装系列设计是典型的工业化大生产思维方式下产生的设计方法，是把设计从单项转向多项，即从典型款式转化为系列款式的过程。具体的设计思路是：表达相同设计主题的一类产品中具有相同或相似的设计元素，并将这些设计元素以一定的次序和内部关联性构成各自完整、相互区别而又相互关联的成组或成套的服装设计产品。系列设计强调单件服装之间必须具有某种相互关联的元素，在设计方法上可以从廓型、细节、色彩、面料、图案、饰品等不同的设计要素出发进行考虑；遵循的原则是统一中求变化，对比中求协调。在服装系列设计中，无论是商业性实用服装还是展示性艺术服装，设计师都会在不同的设计主题中，从以上设计要素出发系统、紧凑地展开设计，经过不断地延伸和组合，变化出多种款式，再从中选出优秀的设计进行整合和完善，最终形成风格系列产品或作品（图4.7、图4.8）。

图4.7 服装系列——纪梵希（Givenchy）2023早秋系列
图4.8 服装系列——博伯利（Burberry）2020度假系列

二、服装产品展示设计

服装产品展示是服装产品系列完成后，设计师或企业在一定的时间和空间内，以静态或动态的方式向媒体、消费者、服装经销商、零售商等宣传自己的系列产品，并从中获取利益的有组织、有计划的活动和行为。服装展示是现代市场化视觉营销的重要手段，在宣传产品特色、促进商品销售、树立企业和品牌形象以及传播服饰流行文化等方面，起到重要的作用。

（一）动态展示

动态展示即时装表演，是时装模特在特定的舞台或场所，按照设计师的创作意图穿戴好所设计的服装样品，用自己的形体姿态与服装相融合，向观众展现服装整体效果的一种展示方式。其目的或是为了得到消费者认可，促进新产品的销售，以获得服装销售商更多的定单；或是为了提高设计师或品牌的知名度。每年伦敦、巴黎、米兰、纽约等地的时装周T台都会汇集来自世界各地著名设计师的新作，成衣商、时尚评论家、媒体记者以及时尚追随者，在欣赏设计大师服装作品的同时，向世界各地传播和报道新的服装流行趋势。

传统的时装表演模式是模特在铺有地毯的长长的跑道式T台上，穿上特制的时装并配以相应的饰品，以特定的步伐和节奏来回走动并做出各种动作和造型。现在，很多设计师们开始脱离T台展示的传统方式，试图选择和设计更为概念化或个性化的场地，将展示设计作为系列设计思想的重要组成部分，并将服装、音乐、灯光、表演融为一体，为整场发布会营造出特殊的氛围，以达到高度完美的艺术统一。普拉达（Prada）2024春夏男装系列发布的秀场以流动的屏障构筑了变幻莫测的空间（图4.9）。随着数字化、虚拟时代的到来，时尚作为时代进化的缩影，服装展示走向数字化与绿色化也成为新的所趋。普拉达（Prada）2021—2022秋冬男装系列就通过线上直播的形式发布，秀场利用不同的材料和醒目的色彩作为背景，所用材料都在在发布后回收利用，在全球范围内用于特殊产品装置和限时店创意（图4.10）。

（二）商业展示会

商业展示会主要包括各类服装博览会、展览会、交易会和定货会。服装企业举办T台展示的服装多是传达设计师的创造性、品牌风格以及引导时代潮流新主张的系列设计，商业展示会提供给观众的则是更多实用而具有市场潜质的服装系列产品。这些系列产品以静态展示的形式，被设置在各种人台模特或展示架上，供媒体、销售商、服装专业人士、消费者近距离地观看服装的款式、面料、工艺、色彩等细节设计。企

图 4.9　普拉达（Prada）2024春夏系列发布会现场
图 4.10　普拉达（Prada）2021秋冬系列发布会

业期望通过这种与具体贸易直接关联的商业活动，获得更多的销售利润（图4.11、图4.12）。

对于服装业而言，各种专业性的服装展示会是品牌企业销售推广活动的重要内容。各国的服装纺织行业协会每年都会组织各种纺织服装展览会，展览会的参观者少则几千人，多则几万人以上，德国杜塞尔多夫的CPD专业成衣博览会、法国巴黎的成衣博览会（prêt-à-Porter Paris）都是目前世界上最具规模和影响力的综合性展会。服装企业可以在展览会上租用场地，陈列以及展示它们的产品。通过商业展示会，一方面企业可以与销售商或潜在的顾客建立联系，并通过展示空间的设计，全面展示企业与品牌的形象，很多新品牌的服装企业都会通过专业的服装博览会招募第一批经销商；另一方面很多成衣企业，主要目的就是以各种商业展示会为平台，面向各种零售商，批发商完成每季产品的主要销售任务。

11

（三）系列产品展示册

系列产品展示册是一本可展示整个设计系列，并配有文字说明的画册，是服装系列产品从设计阶段到开发阶段，从图稿到实物的最终平面展示。通过展示册中的图片可以形象地传达出商品设计的理念与风格，展现服装及其搭配效果，并利用其中文字部分说明服装的设计特点、搭配效果、面料、尺码等。这种精美的画册，既能让媒体、销售商、专业人士对浏览过的服装保留一份参考资料，也能让消费者对该品牌的服装特征一目了然，为服装的选购带来方便。系列产品展示册作为服装视觉营销的重要手段，其中的图片形象可以采用多种形式：T台拍摄的照片、服装的平面展示、风格摄影或是更加具有创意的平面形象设计。产品展示册在出版印刷过程中务求精美和有特色，以起到良好的宣传作用（图4.13）。

12

13

图4.11 上海2023第18届Ontimeshow
图4.12 上海2023 Intertextile 面辅料展
图4.13 样品图册和系列展示册

数字化时代，服装行业以二维码替代纸质的产品展示册已经变得非常普遍。通过二维码链接，可以展示服装产品的图片、文字以及视频在内的更多内容，帮助品牌更好地展示产品信息、传播品牌影响力。数字化的产品展示不但让传播和消费者引流变得简单而高效，也为企业节约了更多成本。

三、产品设计推广

服装产品推广是企业在营销过程中设计并传播有关产品外观、特色、购买条件、以及产品给目标顾客带来的利益等方面的信息。通过向消费者传递生产者所提供的产品和服务信息的过程，一方面达到产品直接市场销售的目的，另一方面有利于企业树立良好的品牌形象，建立稳定而忠诚的消费群体，进而获得更多的商业利益。

（一）品牌化

品牌是具有一定市场认知度的、形象较为完整的并有一定商业信誉的产品系统。品牌服装是现代时尚产业和时尚生活的重要组成部分，人们的购买决定往往来自对对品牌的认知和选择。作为品牌服装必须要有自己独特的定位，才能吸引一批忠实的消费者（图4.14）。

品牌化是将品牌的形象传递给消费者的过程。品牌形象构成包括内在形象和外在形象。内在形象包括产品形象和文化形象，是服装品牌产品所独具的设计风格，是服装外观样式与精神内涵相结合的总体表现，给人以视觉上的冲击和精神上的享受，这种强烈的感染力是品牌的魅力所在，是品牌与消费者之间的情感纽带。外在形象包括品牌视觉形象系统与品牌在市场、消费者中表现的信誉。如今的消费者越来越青睐于精致细节带来的完美享受，除了对产品系列设计的高标准、严要求外，就是能近距离接触消费者并与之产生互动的视觉形象系统，包括品牌名称（LOGO）、广告、包装、展示等元素。消费者对品牌的最初评价来自于其产品形象，通过品牌的视觉形象系统是把品牌的产品形象传递给消费者是最直接和最快速的途径（图4.15）。

图4.14 服装吊牌设计
图4.15 品牌形象设计

14

15

（二）产品推广

企业的产品推广策略有很多种，包括视觉形象营销（广告、包装、产品展示册、销售陈列）、销售促进（时装表演、博览会、有奖销售、VIP卡、折扣销售等）、直接促销（人员促销、邮购产品目录、邮件广告等）、公共宣传（新闻报道、研讨会、慈善捐赠等）。这里主要介绍以广告为主的视觉形象营销。

1. 产品陈列

服装销售陈列是企业在销售终端即专卖店、商店卖场等销售场合进行的视觉促销——通过对销售场合所有与商品有关的视觉要素的调配和管理及整体展示，吸引消费者，强调品牌的独特性和差异性。这些视觉要素包括橱窗展示、各种货架、人形架、背景、灯光、道具等。一般规模较大的企业都有专门的服装陈列师负责产品的陈列设计。产品陈列时，可以根据品牌设计理念，并结合不同的服装造型而设置不同的展示风格和情调，运用多种形式的展示手法，使服装的整体造型得到充分展示的同时，给消费者以美的感受。服装陈列这种实物展示形式可以使消费者产生强烈的购买欲望，促进产品的推广与销售（图4.16、图4.17）。

16

17

图4.16　镜特梦（GENTLE MONSTER）厦门万象城旗舰店设计
图4.17　爱马仕（Hermès）2022春夏系列香港太平洋皇宫及置地广场专卖店橱窗

18

2. 产品包装

产品包装也是产品推广的重要途径，作为产品的包装有包装纸，包装盒、手提袋等。现在大部分的服装产品被销售给顾客后，通常都会被放在印有品牌标志的手提袋等包装中，而这个手提袋由于独特的设计，在消费者重复使用的过程中，又无形地对品牌起到推广作用。可以说，精美的包装设计既能够增加消费者对产品的信赖程度，同时也提升了产品的质量和档次，这无疑对促进产品销售、传播品牌文化起到重要的作用（图4.18）。

3. 产品广告

广告是企业用来对顾客和公众进行传播产品和服务信息的一种主要宣传工具，是沟通生产者和消费者的桥梁，是形成品牌效应的有效手段。服装广告要求有高品质的画面质量和印刷效果，包括电视广告、网络广告、报纸广告、杂志广告、户外招贴等。广告一般不会直接给企业带来盈利，相反还要增加经费开支，但企业通过广告宣传，可以在大众中建立良好的形象和信誉，增强企业竞争力，给企业带来长期的间接利益。另外，广告通过各种媒体，不但帮助消费者了解产品，刺激消费，诱发潜在的购买需要，而且还可以使消费者在无边无际的商品海洋里认知到某品牌的产品，指导他们消费（图4.19，图4.20）。

此外，前面提到的T台表演、服装商业展示会、系列产品展示册也都属于服装产品推广的重要手段。

19

20

图4.18　服装产品包装
图4.19　上海梅龙镇广场以CK牛仔（Calvin Klein Jeans）2010秋季X Jeans系列广告大片为背景的大型立方体展台
图4.20　卡尔·拉格菲尔德（Karl Lagerfeld，1933—2019）2018春夏系列广告大片由设计师本人亲自掌镜，在其位于巴黎圣日耳曼大街的具有代表性的工作室内拍摄完成

第 5 章　服装设计表达

服装设计师对于所构思的设计作品形成基本概念之后，就需要把构思及创作灵感用一定的形式表现出来，通常使用时装绘画或实际材料来表达服装的创意和构思。用实际材料直接在人台或人体上表现的方法，在结构与工艺章节已有讲述。本章讲述的服装设计表达主要指以服装绘画为主的平面表达形式和以专业服装设计软件创作的三维虚拟服装表达形式。

服装画是运用绘画艺术手法对服装和服装穿着后美感的具体表现。服装设计从收集资料、设计构思、指导生产到产品的宣传推广都离不开设计表达形式的运用。因此，服装画不仅是服装设计进程中的一个重要环节，也是服装信息交流的一种有效媒介，起到有效沟通和传达设计理念的作用，是成为一名合格的服装设计师应具备的素质之一。服装绘画突出的特点是在审美上的直观性和时尚感，它可以将设计构思简单快捷地记录下来，也可以像其他绘画形式一样具有多种表现形式和多种风格。服装绘画可以通过手绘、平面软件绘制、人工智能生成、三维虚拟绘制等方式完成，包括时装效果图、时装草图、款式图以及时装插画等表现形式，它们的作用各异，表现技法和侧重点也各不相同（图 5.1~ 图 5.3）。

2

1

3

图 5.1　山本耀司（Yohji Yamamoto）2005 年巴黎个人回顾展
图 5.2　设计师卡尔·拉格菲尔德（Karl Lagerfeld）先生为芬迪（Fendi）品牌绘制的 2013 年秋冬款服装效果图
图 5.3　Midjourney 软件生成的服装效果图（陶钰林）

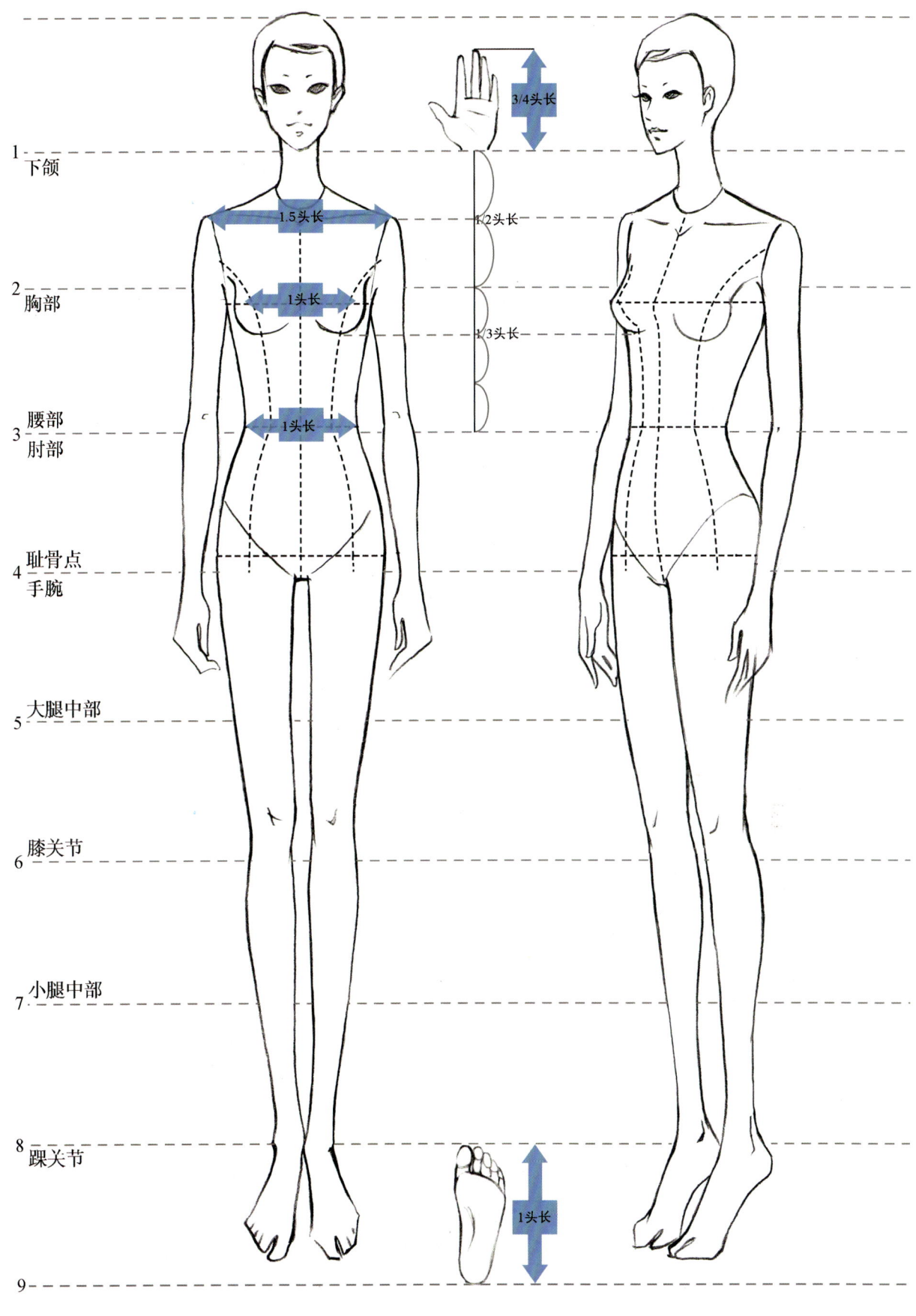

图5.4　8.5头身人体比例正、侧面图（吴栩茵）

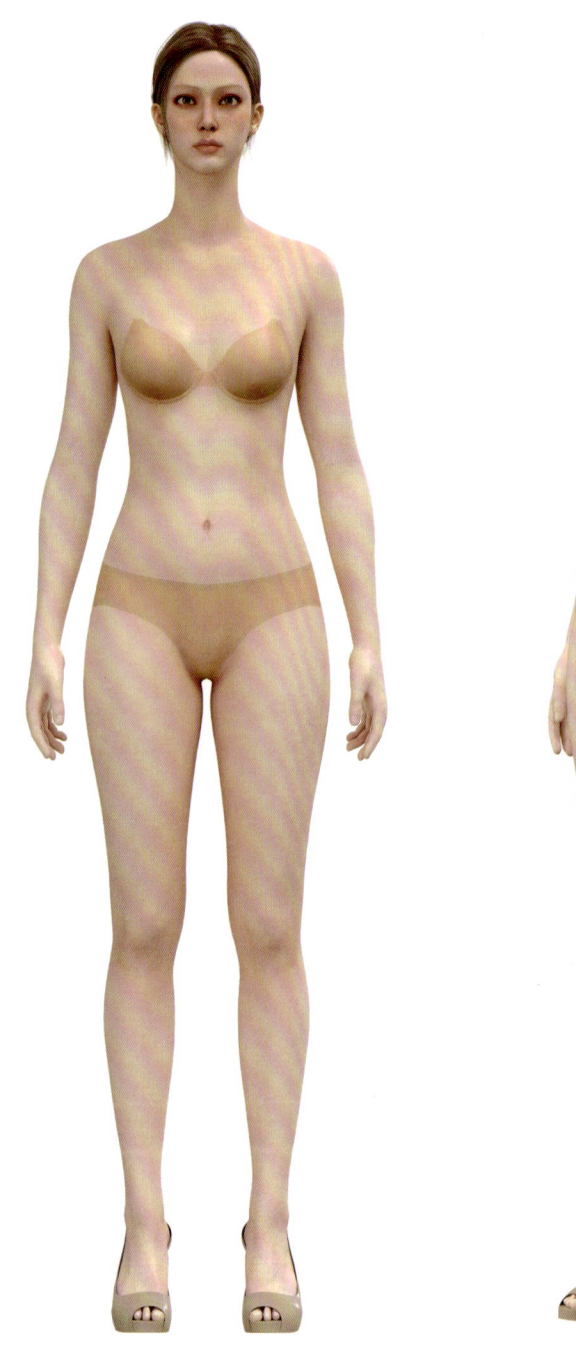
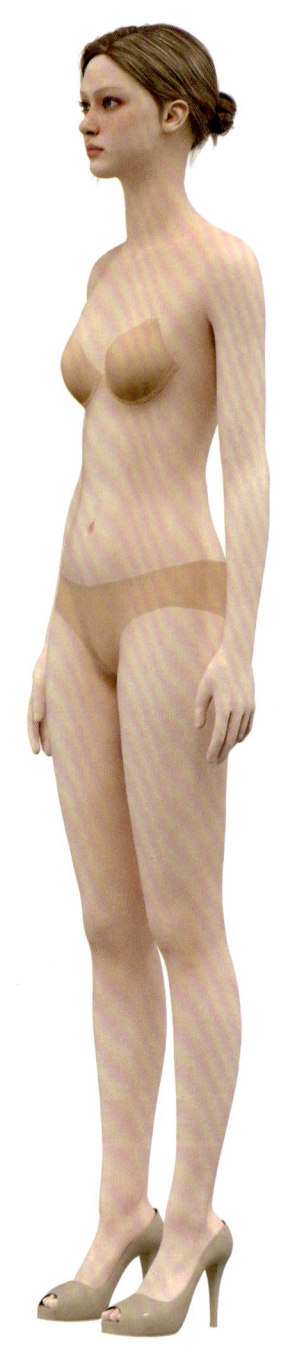

5

图 5.5 CLO 3D 软件中的三维虚拟服装人体

一、服装人体的特点

服装绘画用以表达人在着装后的整体状态，服装设计正是对这种着装状态的设计。服装绘画中的人体比实际人体比例约多出至少 1 个头长，在服装插画中甚至将人体比例夸张到 10 个头长以上。从整体上看，人体的夸张部位主要体现在四肢上，特别是腿部比例的加长，而躯干部分因为受到服装造型的限制，所以不便予以过分夸张。在女性人体的夸张部位中，以颈、胸、腰、臀的曲线夸张作为重点，另外大腿、小臂、小腿的夸张比例也应该相互协调；男性人体的夸张部位则主要是肩膀和胸部的宽度、厚度、四肢的长度和整体肌肉的发达程度等。

当人体姿态的形成主要是由躯干部分的肩膀和骨盆倾斜变化而决定的。当人体的重心从一侧移向另一侧时，躯干支撑人体重量的一侧胯部抬起，骨盆向不承受重量的一侧倾斜，肩膀则向身体承受重量的一侧放松，因此肩线和髋线出现了倾斜角。简而言之，肩线和髋线不同角度的变化是构成各种人体姿态的基本法则（图 5.4、图 5.5）。

二、服装绘画的表现形式

（一）服装草图

草图是一种简便快捷的绘画形式，它是设计师在创作过程中对设计灵感的迅速捕捉，也是创作拓展和素材收集整理的主要工具。当灵感与素材在不同的设计方向之间徘徊，对构思的快速记录常常会为设计工作带来意想不到的能量和创造力。服装草图要求能够描绘出关键的设计元素，例如服装的廓型和重点结构、细节、图案等，在草图反复的勾画过程中，可以尝试设计元素的不同组合方式，揣摩整体与局部、材料与细节等的比例关系（图5.6~图5.9）。

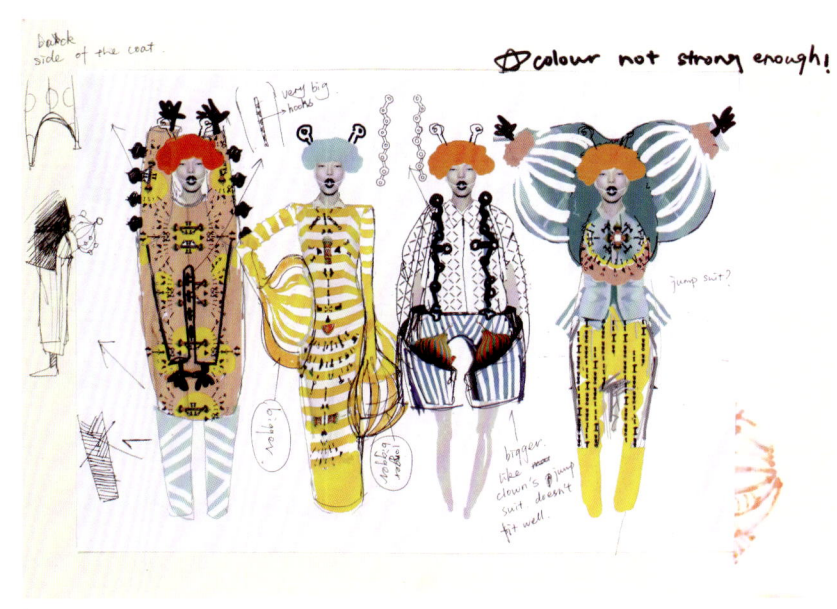

6

8

图 5.6　电脑辅助服装设计草图（华嘉）
图 5.7　电脑辅助辅装服装设计草图（张格睿）
图 5.8　服装设计草图（胡洋洁）
图 5.9　Midjourney 软件生成的服装设计草图（陶钰林）

7

9

（二）服装效果图

服装效果图是一种用以表达服装设计意图的准确而快捷的绘画形式。它应用于服装业的设计环节中，是从服装设计构思到成衣作品完成过程中不可缺少的重要组成部分。服装效果图是围绕服装进行的描述性绘画，通常将注意力放在对服装款式、色彩、材质和工艺结构的表达上，着重强调的是服装与人体、服装与服装、设计细节与整体之间的关系，再配以面料小样、款式图和文字说明（图5.10~图5.13）。

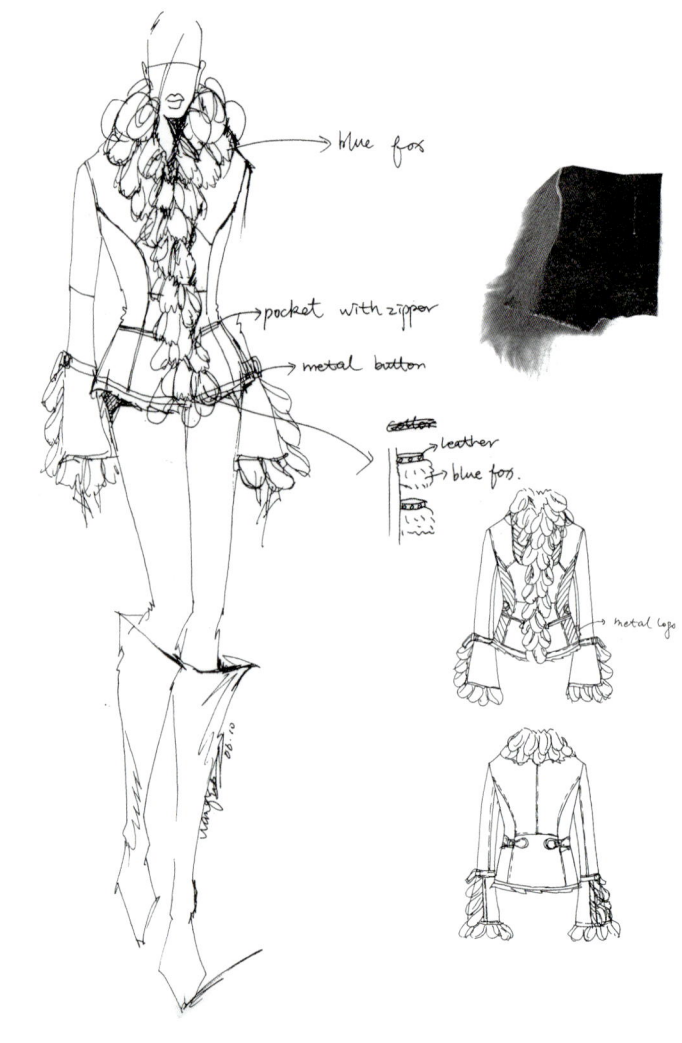

图5.10 玛利亚·格拉奇亚·基乌里（Maria Grazia Chiuri）和皮奇洛（Pier Paolo Picciolo）为华伦天奴（Valentino）2013秋冬绘制的服装效果图

图5.11 服装效果图（王悦）

图5.12 Midjourney软件生成的服装效果图（陶钰林）

图5.13 CLO 3D软件制作的三维虚拟服装效果图（刘凤）

（三）服装款式图

服装款式图，又称为平面结构图或工艺图，是指单纯的服装服饰品的平面展开图，以清晰地描绘服装款式、结构、工艺细节为目的的绘画表达形式。款式图适合工业化生产的需要，可以作为服装生产的科学依据而独立存在，也可以作为对服装画的辅助和补充说明。服装画展示出服装的整体搭配和设计师的风格与个人表现力，而款式图则按正常的人体比例关系对服装进行说明，清晰地展示出时装画中容易被忽略的细节部分，打版师往往是按照它来进行纸样设计的。

图 5.14　款式图比例（王悦）
图 5.15　不同用途的款式图（吴栩茜）

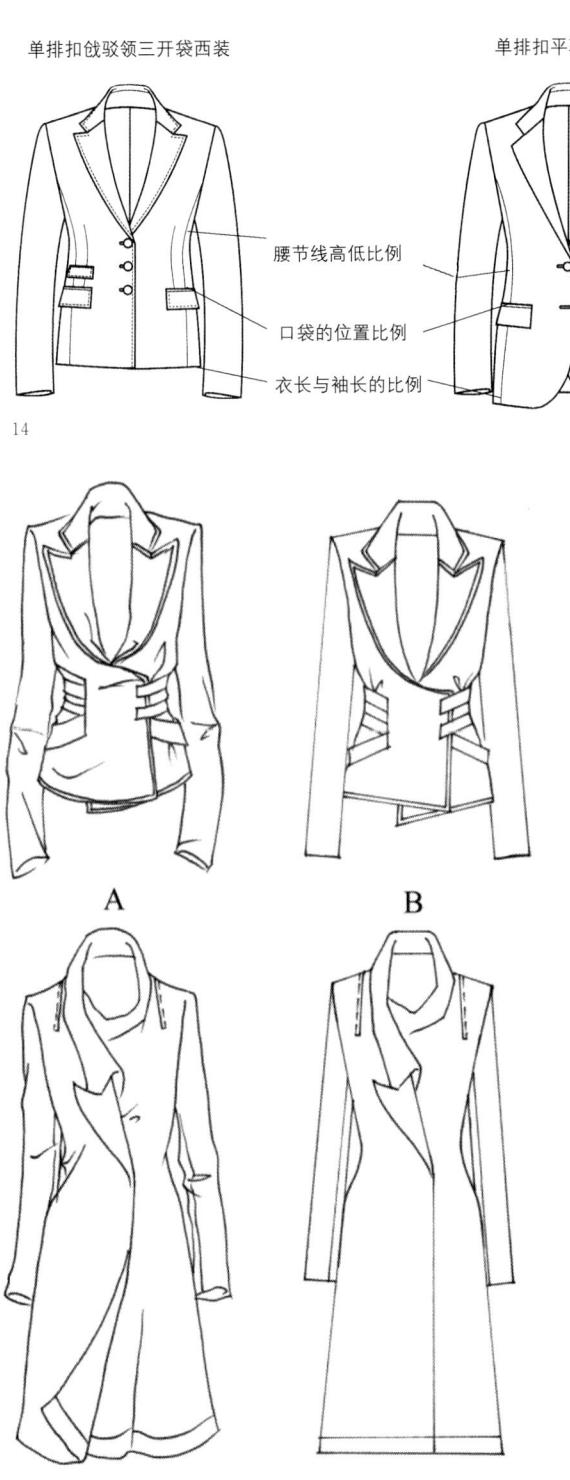

1. 款式图的结构和比例

款式图以严谨详实的手法尽可能地展现出服装的款式、比例和细节，这就要求绘图者对服装结构有充分的了解，如服装的省道、结构线、褶皱、装饰线等。款式图中不显示人体，但对服装的描述要符合人体的比例关系，同时还要注意对服装各部位之间比例的把握，例如袖长与身长。领型与衣身、腰节线的高低，省道的表情与长度、扣位与口袋位等结构的比例（图 5.14）。

2. 款式图的表现方法

从构思到制版生产，服装款式图广泛应用于服装行业的各个环节。通常独立存在的款式图多以正面和背面为主，根据设计、生产和展示的不同需求，可以选择不同的表现方式对服装进行说明。如图 5.15，写实风格的 A 图用于构思或提供款式方案，规整的 B 图用于工业生产说明；图 5.16 是一张款式图手稿，图中清晰地展示出设计师对服装结构变化的理解和前后身的比例关系，根据这张图，打版师就可以进行纸样设计了。图 5.17 是一张服装工艺单，用于样品制作和工业生产环节，工艺单上除了有正背面的款式图和细节说明外，还应准确填写成衣尺寸、辅料和具体的工艺制作要求（图 5.18、图 5.19）。

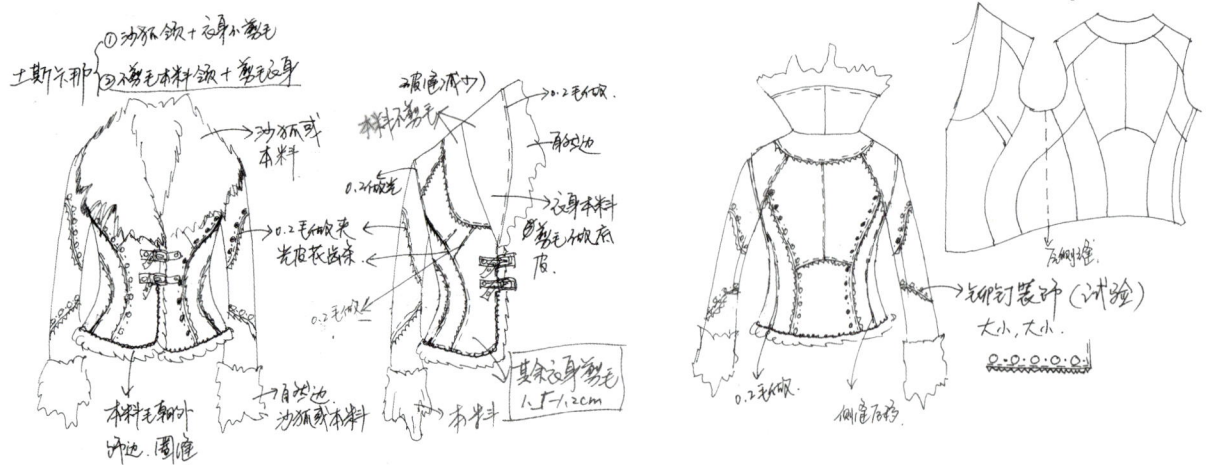

16

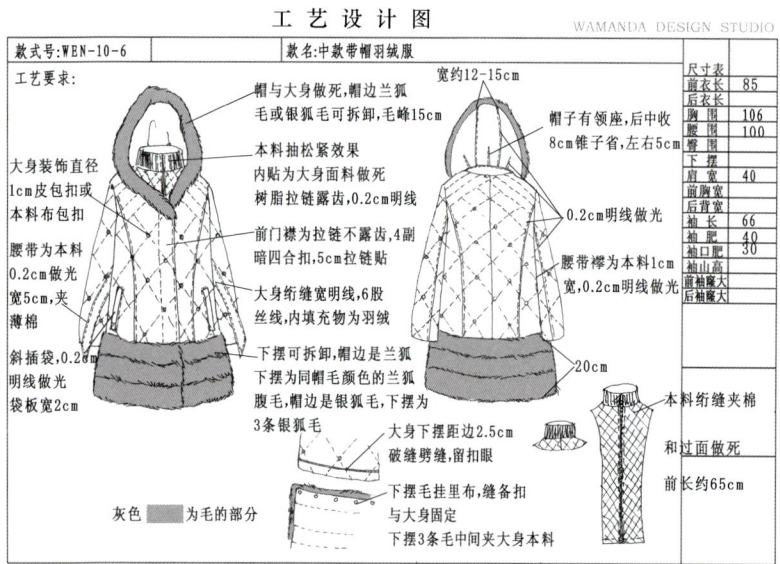

17

19

图 5.16 款式图手稿（王悦）
图 5.17 用于工业生产的服装工艺单（陈围荆）
图 5.18 CLO 3D 软件生成的服装款式图（刘凤）
图 5.19 Midjourney 软件生成的服装款式图（陶钰林）

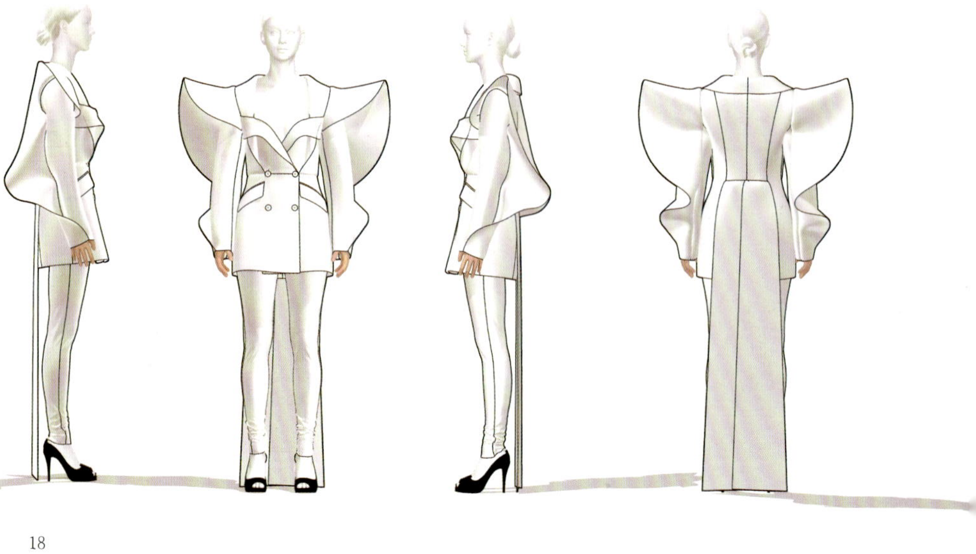

18

图 5.20 大卫·唐顿（David Downton）1999 年为让-保罗·高缇耶（Jean Paul Gaultier）品牌绘制的服装插画

图 5.21 马兹·古斯塔夫森（Mats Gustafson）1997 年为意大利《Vogue》杂志绘制的普拉达（Prada）服装插画

图 5.22 Midjourney 软件生成的服装插画（陶钰林）

（四）服装插画

服装插画是时尚艺术的一种平面美术创作形式，多出现在时装杂志、海报和广告中。当代的服装插画没有固定的法则和约束，也没有明确的工作方式和流行风格，服装画家可以对任何一位设计师的作品进行绘画创作，其表现的重点不在于设计，而在于捕捉设计的神韵。服装插画不一定要完整地展现服装，而主要用来表达一种情绪或特定的氛围，表现服装设计的灵魂、个性乃至思想内涵，因此画面上除了人物和服装外，通常对主体所处的背景和环境也有所交代。与时装效果图相比，服装插画往往更富有艺术表现力，更能反映画家的个性和艺术风格（图 5.20 ~ 图 5.22）。

三、服装绘画的表现风格

（一）写实风格

写实风格的特点是细腻逼真，通过运用水粉、水彩和素描等表现技法，对画面人物造型，五官结构，明暗关系以及面料质感等进行细致准确的描绘，因此对作者的绘画功底有较高的要求（图5.23、图5.24）。

（二）速写风格

速写风格常用于设计草图和设计手稿中，是一种简便、快捷的表现方式。以速写的语言来表现服装人物时，应在高度的概括和艺术性之间寻找平衡（图5.25、图5.26）。

图5.23　水粉表现的写实风格服装效果图（罗宇豪）
图5.24　CLO 3D软件制作的写实风格三维虚拟服装效果图（刘凤）
图5.25　速写风格（Liz Stott）
图5.26　速写风格（Berto Martinez）

（三）动漫风格

动漫风格顾名思义就是动画和漫画风格的服装画。这种风格的服装画往往具有独特的人物造型，相对夸张的人体或服装，画面富于趣味性和新鲜感（图5.27）。

图5.27 动漫风格（Daniel Egneus）
图5.28 装饰风格 CLO 3D 软件制作的三维虚拟服装效果图（刘凤）
图5.29 装饰风格 Midjourney 生成装饰风格服装插画（陶钰林）

27

28　　　　　　　　29

（四）装饰风格

装饰风格的服装画因其手法单纯并且具备装饰画的审美特点，通常具有较强的视觉冲击力，多用于服装插画和时装海报中。它具备多种装饰性元素，如概括的人物形象，平面化的绘画手法，大色块的对比以及富有情趣的服饰图案和细节处理。它主要用来表达一种情绪或者特定的氛围，展现服装设计的思想内涵（图5.28、图5.29）。

四、服装绘画表现手法

（一）手绘表现

1. 线描表现技法

线是东方传统艺术造型的重要表现方法，它的表现手法非常丰富，不仅可以描绘物体的结构与形态，而且能够充分表达作者的精神内涵。服装画的用线来自于传统的勾线方法，同样讲究线条的转折、顿挫、浓淡、虚实，同时要求高度的精炼和概括。服装画的基本勾线方法主要包括匀线、粗细线、不规则线三种，此外通过线的表情可以强化作者的主观意念，烘托整体画面的气氛（图5.30~图5.32）。

30

31

32

33

2. 色彩表现技法

（1）薄画法表现

薄画法是以水彩、透明水色等透明原料为主要材料，以吸水性强、毛质柔软的白云笔、水彩笔为基本工具的画法，其中钢笔和铅笔淡彩是最常见的表现形式。在薄画法中，水彩的运用最为常见，水彩晶莹透明，覆盖力弱，但渗透力强，既可以大面积平涂，也可以刻画精致细小部位，并通过渲染、晕染等方法使画面层次清晰，生动随意。水彩既适合表现纱、丝等轻薄柔软的织物，也适合表现挺括且具有光泽感的织物（图5.33）。

图5.30　匀线（刘萨丽）
图5.31　粗细线（张乐暄）
图5.32　不规则线（谢玮）
图5.33　薄画法（Luke Paul Carney）

（2）厚画法表现

厚画法是以水粉、油画、丙烯等为颜料，以水粉笔、油画笔为主要工具的表现方法。厚画法多用于表现呢绒、粗针织、皮革等厚重且肌理突出的面料。水粉颜料以其覆盖力强、适用性广而成为厚画法颜料的典型代表之一。在实际运用中，水粉画可厚可薄，既可以摒弃明暗关系，通过色块平涂的方法使画面具有强烈的装饰感和感染力，也可以通过适当的光影飞白强化服装的立体感，使画面轻松而写意（图5.34）。

（3）多种材质的综合表现

除以上的常用技法外，在服装画中还有麦克笔、彩色铅笔、油画棒、色粉笔，拼贴法等表现技法。麦克笔以其色彩丰富饱满，使用方便快捷等特点被广泛地应用在服装效果图和草图的绘制中。麦克笔技法讲究笔触的排列与穿插，运笔要肯定果断，可以适当留有空白，但忌反复涂抹；彩色铅笔色彩柔和，质地细腻，使用便捷，是一种容易掌握的绘画工具，彩色铅笔性能与绘图铅笔基本一致，用笔讲究层次关系，可以运用虚实笔迹的不同进行细节勾勒和整体涂抹，真实地表现服装造型

图5.34　厚画法（齐悦）
图5.35　油画棒表现技法（Jo Brocklehurst，1982年）
图5.36　综合技法（Tod Draz，1950年）

和面料质感；油画棒和蜡笔具有色彩鲜艳、厚实、覆盖力强的特点，适合表现粗针织、粗纺花呢等具有粗犷豪放风格的面料；色粉是一种质地细腻的粉状绘画工具，绘制时色粉线条会因为粉末的流散而呈现出丰富的变化，给人以随意、洒脱之感，使用色粉时，既可以强调保留笔触，也可以直接用手或软纸揉擦，使色彩自然衔接；拼贴是以各种现成的材料，如纸张、布料、扣子、毛线等，通过剪裁拼贴的方法代替绘画的一种表现形式，拼贴技法的运用可为设计进程带来一定的自由度和趣味性，有时会成为一种更富表现力的绘画方法。在实际运用中，每种表现技法可以单独使用，也可以根据绘画表现需要与其他工具或方法结合使用（图5.35~图5.39）。

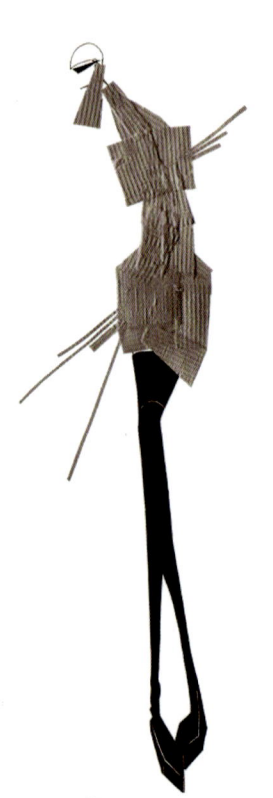

37

38

39

图5.37　拼贴（Lotty Rose）
图5.38　麦克笔表现技法（Peter Copping 为 Nina Ricci 2013 秋冬绘制）
图5.39　彩色铅笔表现技法（刘烨）

（二）计算机辅助表现

1. 平面制图

使用电脑绘制服装效果图，在现代服装设计领域已经变得越来越普及。电脑绘图具有快速便捷、方便修改和保存、可以实现手工设计无法达到的三维仿真效果等特点。使用电脑绘制服装效果图的软件分为普通的平面设计软件和专业的服装CAD软件两种。在平面设计领域经常使用的设计软件 Photoshop、Illustrator、Coreldraw、FrerHand 等都可以用来绘制服装效果图，这些设计软件可以模拟各种传统绘画的笔触，而且有多达几千万种的色彩，可以进行自动配色和填充效果逼真的面料，大大提高了设计师的工作效率，这些都是传统手工绘画所不能比拟的。服装CAD软件分为款式设计和结构设计两个系统。在款式系统中储存有大量的模特及服装部件库，不但可以使用各种画笔工具来描绘效果图，还可以把面料通过扫描填充到衣服上，甚至建立类似照片的三维真实效果。服装CAD软件中的结构设计系统又称为纸样或打版系统，包括出样、放码和排料三个部分。在实际工作中，结合个人的喜好和电脑操作熟练程度，既可以完全使用电脑

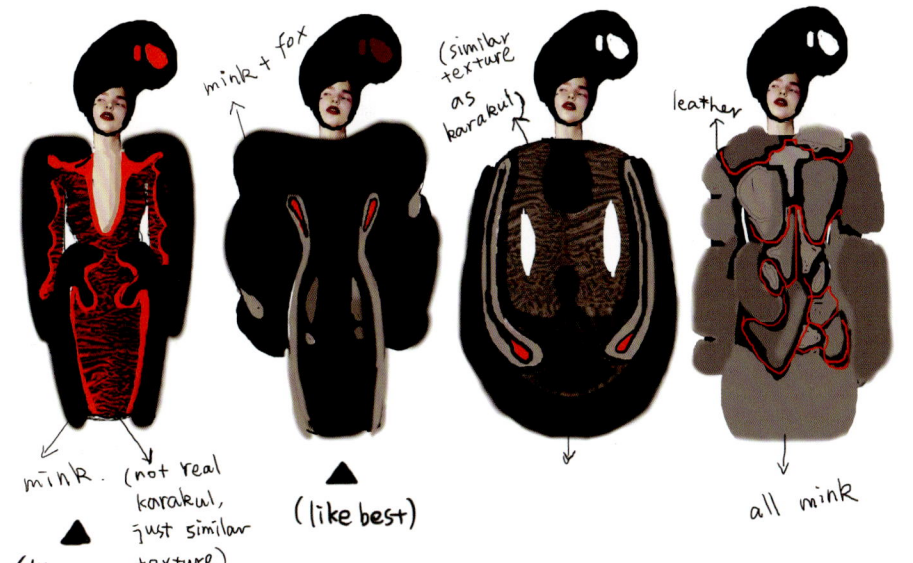

完成效果图的绘制，也可以结合手绘技法，将手绘图转换成为电子文件，再运用平面设计软件对手绘图进行修改和完善（图5.40~图5.42）。

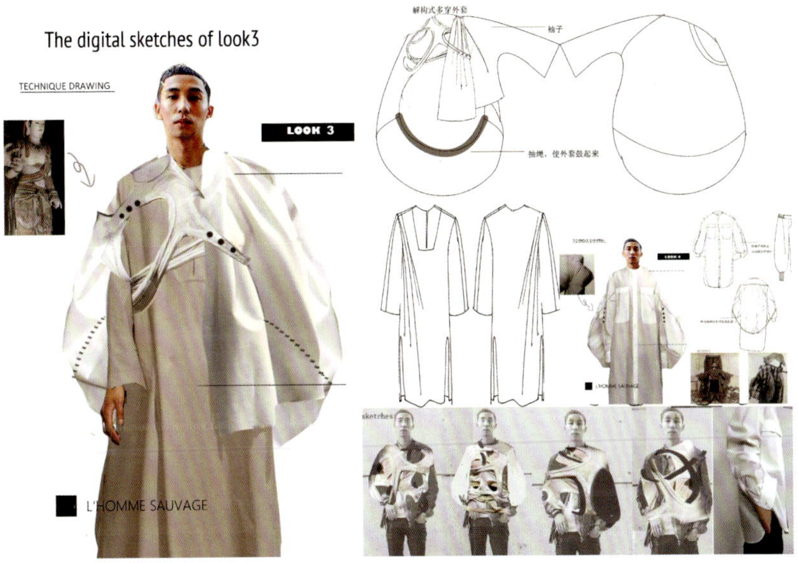

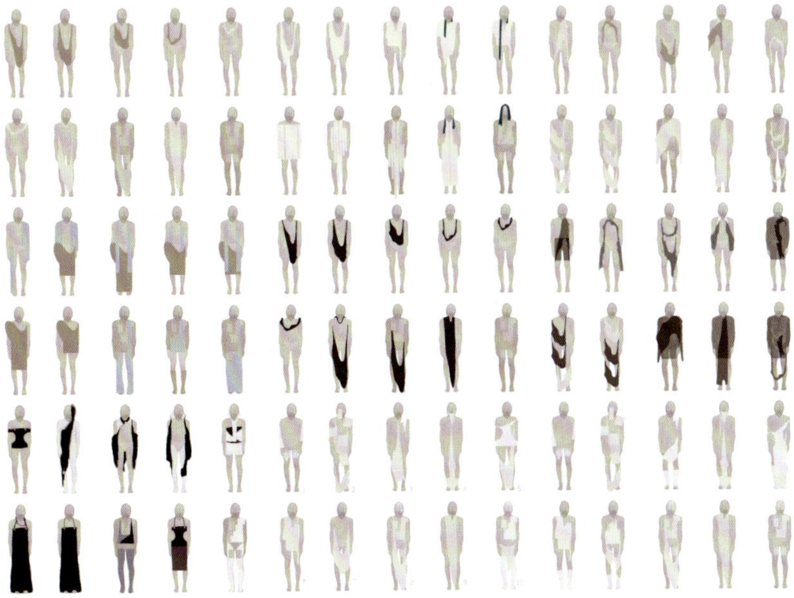

2. AIGC（人工智能生成内容）制图

在时装绘画的表现中，AIGC（人工智能生成内容简称AI）通过多种方式辅助时装设计，提升设计效率和创新性。AIGC能够分析流行趋势和历史时装数据，为设计师提供丰富的设计灵感和创意。同时，它助力于快速生成时装的初步草图或绘画，并能在设计师的指令下自动调整风格、颜色和图案。另外，AIGC提供颜色搭配和纹理选择的建议，优化设计的视觉效果，能识别并指出绘画中的不足，提出改进措施。AIGC还能模拟服装在不同环境和光线下的外观，帮助设计师更全面地理解和表达其设计。

AIGC的这些功能基于先进的人工智能技术，如机器学习和深度学习，使其能够从大量时装设计数据中学习并生成新的设计元素或建议。这不仅提高了设计的效率，还增强了设计的创新性和原创性，为时装设计师在创作过程中提供了强大的技术支持。

图5.40 平面软件绘制的服装效果图（华嘉）
图5.41 平面软件绘制的服装草图（闫乙杞）
图5.42 平面软件绘制的服装效果图（彭雪峰）

与传统平面制图方法相比，AIGC 最大的优点在于其生成内容的方式：用户通过指令（Prompt）告知系统生成内容，系统则能根据反馈进行迭代和优化。在时尚设计领域，主流的 AIGC 工具包括 Midjourney、DALL-E、Stable Diffusion 等。尽管功能各异，但在操作逻辑上共享核心步骤：用户需提供详细的描述性文本指令来指导 AI 生成内容；这些工具允许用户定制参数，比如风格、细节和颜色，以实现个性化的输出；随后，工具依据这些输入使用内置的 AI 模型生成预览内容，供用户评估和进一步调整。这一系列步骤构成了这些 AIGC 工具通用的操作框架，虽然每个工具都可能包含更多特定功能，如图像编辑或分享，但描述输入、参数设定和内容预览是使用这些工具的基础（表 5.1）。

人工智能生成步骤图鉴				
灵感来源	关键口令（生成调整思路）		生成图像（口令调整前后）	
图案【敦煌壁画】	口令关键词		生成图像①	生成图像②
	初次口令	"时尚""创造一件夹克""根据这个图像，打造一种具有以敦煌壁画为灵感的外套""结构主义""空间感""保留线条给人一种中式美感""变化的感觉""材料、剪裁和设计使穿着者在穿着时感到舒适""自由和轻盈"		
	增加口令	"几何线条感图案""模特动作幅度更加舒展"		
服装结构【建筑结构为例】	口令关键词		生成图像①	生成图像②
	初次口令	"女性时尚设计""以迪斯尼音乐厅建筑元素为特色""呈现解构风格特征""主要颜色为黑白，强调大胆的线条和现代时尚审美"		
	增加口令	"以交错线条定义服装结构""展现在服装正面"		
弗兰克·盖里（Frank Gehry）沃尔特·迪斯尼音乐厅，加利福尼亚州洛杉矶				
织物篇【纱质轻薄】	口令关键词		生成图像①	生成图像②
	初次口令	"女性时尚设计""服装采用轻薄纱质面料""具有膨胀松弛的感觉""层叠褶皱堆叠形成服装的装饰肌理""给人一种轻盈朦胧的感觉"		
	增加口令	"顺滑流苏形成服装的装饰肌理""具有垂坠，顺滑的感觉"。		
服装系列篇【系列设计】	口令关键词		生成图像①	生成图像②
	初次口令	"呈现八位模特并肩站立的画面""展示具有现代风格的女性时尚设计""这些服装注入了建筑元素""以解构风格交错线条定义服装结构""主要采用黑白两色""强调大胆线条展现出时尚、现代的美""以逼真的摄影形式呈现"		
	增加口令	"错落，艺术效果的站立拍摄模式"		
纳奥·塞拉蒂（Nao Serati）和里奇·姆尼西（Rich Mnisi）的南非时尚，彼得·凯莱蒂/维多利亚和阿尔伯特博物馆				
中国传统技法【水墨画】	口令关键词		生成图像①	生成图像②
	初次口令	"以中国传统水墨画为灵感""展现出传统对称效果的大衣女装设计""整体画面以水墨色彩作为主要特征""展现出优雅华贵的中式美感""半身模特""真实效果模特"		
	增加口令	"现代不对称效果的大衣女装设计""全身模特"		
艾米莉（Emily）获奖作品"雾霭"				

表 5.1

AI在时尚设计中的应用正引领着一场革命。通过提供丰富的视觉效果、创新的款式和精细的细节处理，AI使设计师能够实现超越传统想象的作品。这些作品不仅具有个性化的特征，还能具象化设计师的创意思维。在使用AI进行设计时，清晰地表达设计意图至关重要，因为AI能够基于全球大数据资源，将这些意图转化为具体的视觉作品。同时，AI的结合使用与其他3D软件和建模工具的融合，为时尚设计带来了综合性的表达方式，开启了新的创作维度。这种技术融合不仅拓展了设计师的视野，还帮助他们跳出个人认知的局限，打破了传统的单向思维模式。AI的无限潜力与人类创造力的结合，使得设计过程中的偶然性和随机性得以发挥，从而孕育出全新的概念和形式。AI在时尚设计中不仅是一种工具，更是推动创新和变革的科技力量。

3. 三维虚拟制图

在服装设计表达中，三维虚拟制图是一个革命性的进步。这种技术使设计师能够在计算机软件中构建精确的服装的三维模型，这使得在实际制作样衣前就能进行视觉展示和必要的修改，大大提高了效率和精准度。如CLO 3D等三维服装设计软件，自2010年由韩国公司研发推出以来，就在服装设计行业中扮演着关键角色。三维软件提供的高度逼真的三维服装模拟，不仅实现了设计的快速迭代，还实现了虚拟服装在外观和物理属性之间的转换。通过这种方式制作和修改虚拟样衣，不仅降低了制作成本，还减少了物料浪费，对于整个行业的重构和转型起到了重要作用。

CLO 3D软件的结构版片可以直接在操作界面绘图或从其他制版软件以".dxf"格式导入。它提供了数据库中的不同体型与风格的虚拟模特供用户选择，并允许进行二次修改，如发饰、鞋子、肤色和体型等。用户可以任意旋转模特或调整大小和角度，以全方位、清晰且准确地观察服装的合体性和穿着效果。设计师可以根据款式特征选取合适的面料属性和性能，并通过颜色填充、图案选择或设计叠加等方式满足设计需求，甚至可以扫描实体面料后导入软件中使用。服装的着装效果以三维静态与动态走秀结合的方式直观展示，用户还可以通过设置灯光和场景来渲染最终展示效果（图5.43、图5.44）。

软件的发展不止步于此，它现在与AI技术深度结合，提供如CLO-SET AI驱动的搜索功能，这项功能支持使用自然语言进行内容搜索，无需事先手动编辑操控。还支持AI面料和纹理生成，用户只需输入面料的物理参数，软件就能自动生成面料的物理属性和高仿真的纹理样式，让用户快速在模特身上看到效果。对于面料模拟、动画录制及走秀效果，软件提供了更多的编辑和调整可能性（图5.45）。

43

44

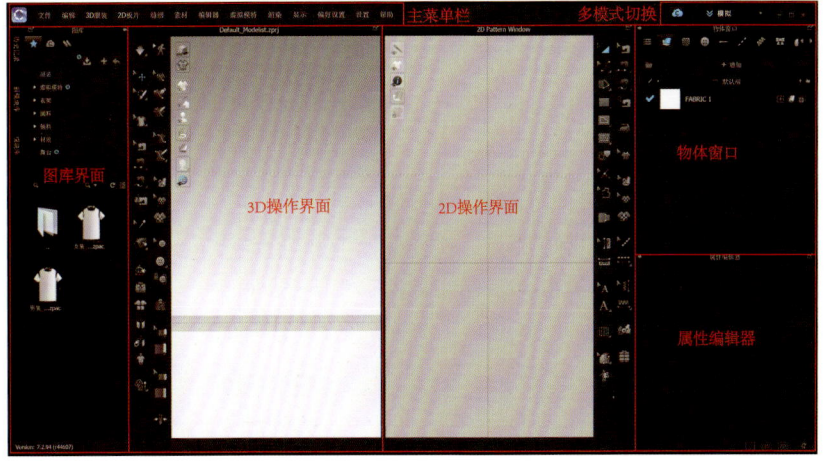

45

图5.43 CLO 3D软件制作的三维虚拟服装效果图（刘凤）

图5.44 CLO 3D软件制作的三维虚拟展示效果图（刘凤）

图5.45 CLO 3D界面介绍（刘凤）

随着CLO 3D这类数字化虚拟软件未来将继续与AI技术深度融合，它们将为用户创造更便利的使用条件，并从单向信息输出变为双向信息互动，拓宽商业模式的边界。CLO 3D近几年推出了CONNECT平台，进一步完善了虚拟试衣服装市场，软件与多个平台和软件合作，使数字化虚拟试衣渠道更加完整。这一发展趋势预示着数字化和人工智能技术将继续推动服装设计行业向前发展，为设计师和消费者创造更多的可能性（表5.2）。

使用步骤	介绍	图片展示
选择模特	在软件左侧菜单双击选择所要的模特类型	
创建版片/导入版片	文件导入.dxf版片或者直接在2D界面制版	
快速选择层级安排	鼠标选择相应的版片，在出现的定位球工具右上方点击快速选择	
3D界面安排点工具	打开3D界面垂直菜单栏的安排点工具对版片位置进行安排	
2D/3D界面缝合	使用多种缝纫工具对版片进行缝合	

表5.2 CLD 3D使用步骤介绍

第六章 时尚未来

时尚产业是一个在发展中不断创新的行业,基于全球化市场和人才需求的变化,以时尚语境与服装艺术为本体、艺术与科学的融合为路径,未来时尚的趋势将围绕可持续性、数字化和多元化需求等方向展开。服装设计师的工作也将更加注重设计的价值塑造和对所承担的社会责任的理解,强调与产业发展和社会价值相结合的设计研究与产品开发服务。

一、可持续时尚

在国家可持续发展战略下,随着科技革命与产业变革的深入发展,传统服装行业已经进入数智化与低碳的产业转型和绿色升级阶段,迈向"碳达峰,碳中和"的可持续时尚时代,倡导以低碳、绿色、健康、智能的可持续发展理念和方式进行服装领域内的创意、设计、生产、销售、消费模式和使用模式。同时要求服装设计师应具有绿色设计素养和社会责任感,关注的核心问题从设计的外表美观转向综合考虑自然资源、生态环境、经济发展、社会和谐、文化传承等因素对服装进行创意、设计、生产、销售,以产品与服务的整合引导消费者的多种持续需求。

(一)绿色时尚

随着人们对环境保护和可持续发展的关注度不断增加,绿色时尚已经成为时尚产业发展的重要趋势。绿色是最能够体现自然价值的颜色,服装的绿色时尚以减少资源虚耗和环境污染,绿色低碳循环为主要原则,这需要对服装设计思维方法进行重新定位,建立新的服装创思系统,这种创新需要设计师思考从设计到产品完成的整个流程中可能涉及到的对环境和社会所造成的影响,包括材料、设计、制造、使用和再利用等方面。

1. 原材料选择的低污染

物质是服装设计的基础,"绿色"设计的过程首先要考虑使用低污染环保类型的纺织品节约能源,寻找对环境更加友好的材料,可以通过选择能够在光、水或其他条件的作用下被环境逐渐消纳的可降解材料或者可以闭环循环再利用的材料实现设计的生态化。这些材料除了棉、麻、桑蚕丝、羊毛等可降解的天然高分子物质,还包括以植物纤维、竹子、木质纤维等为原料的再生纤维类面料、以玉米、淀粉等植物为原料的聚乳酸类材料、再生闭环的再生涤纶、再生尼龙等。以植物再生纤维素面料天丝™(Tencel™)为例,回收率可达99%以上,无毒无污染并可生化降解,对环境零负担;而通过回收再利用废弃的工业或者食用材料进行再造回收工艺转化成的可持续性布料,如RPET材料(可乐瓶环保布),它的纱线是将废弃的饮料瓶通过特殊工艺提取制成,每制作一吨可回收67000个塑料瓶可减少二氧化碳4.2吨,节省水6.2吨,很好地实现了废物利用且节约能源。这些环境友好面料在研发、生产、使用的过程中均遵循"低能耗""低碳""健康""环保"的可持续原则(图6.1)。

图6.1 罗西斯公司(ROTHY'S)通过回收塑料瓶制作环保女鞋

2. 设计制造过程中的浪费减量

从设计到制造是从材料到产品的过程，是绿色设计的关键环节。在设计制造的过程阶段，我们从设计之初就需要思考如何使设计更贴近自然生态化、裁剪和加工过程中减少裁剪废弃物的产生、使用环保的服装辅料。目前针对面料的零浪费设计，就要求在整个成衣阶段，不浪费任何多余的面料，既可以减少在制作环节产生下角材料的浪费，又可以使资源利用得到最大化（图6.2）。

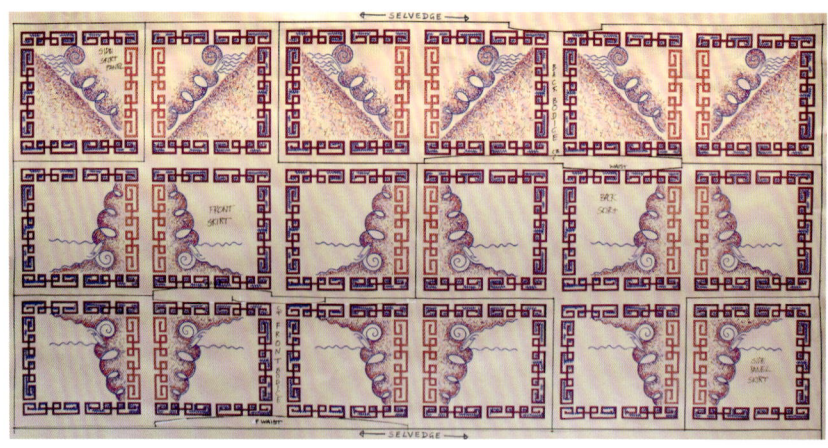

2（a）

2（b）

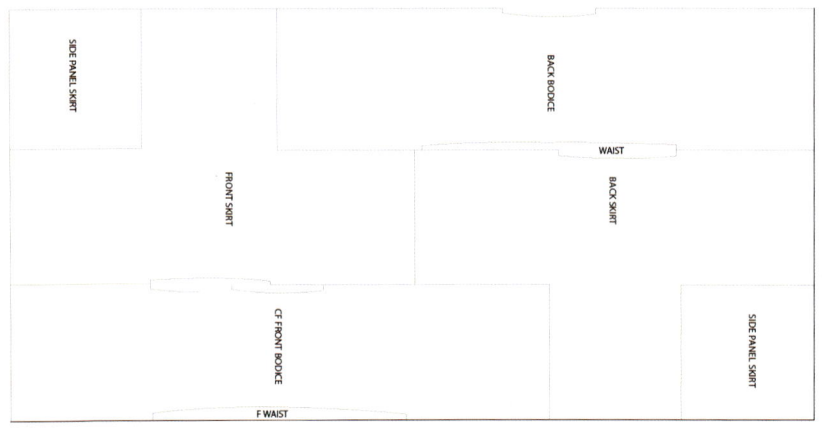

2（c）

2（d）

图6.2（a）　零浪费设计作品裁剪图
图6.2（b）　零浪费设计作品制版图
图6.2（c）　设计师 Dame Zandra Rhodes 零浪费设计作品（1980）
图6.2（d）　设计师 Dame Zandra Rhodes 零浪费设计作品（2020）

3. 废旧纺织品的回收利用

废旧纺织品的回收利用，也是绿色设计领域需要深入思考和探寻的目标，我们为未来可持续的生活设计服装需要改变目前废旧纺织品的处理方式，即循环再利用，涉及重复使用、升级再造、再生利用等方面。例如废旧面料的再利用，包括了生产制作过程中的边角余料和企业库存过时的囤积面料，通过研究不同的设计手法，赋予这些材料全新的生命；基于循环产品模式的再设计，则是通过二次设计，将现有的旧衣、库存服装等加以改造、拆分重组，实现环保与时尚并行的服装再利用（图6.3）。

3

图6.3 设计师 Juliana Garcia Bello 通过回收改造旧衣，设计的一套零浪费系列服装
图6.4 卡拉扬（Chalayan）2013年成衣，一件服装适应不同场合穿着

（二）生态时尚

新时代生态文明建设思想强调人与自然的和谐共生，创新发展方式和生活方式。生态时尚是以可持续发展方式设计、生产、消费的时尚。中国自古有天人合一的哲学思想，尊重人与自然的和谐共生是我们一直以来的责任，时尚的发展不应以牺牲环境和资源为代价，设计的服装应满足使用者切实需求的同时优化设计过程，合理利用资源，实现从个体需求到社会永续发展的可持续的生活状态。生态设计包括了绿色设计原则的同时，是从更宏观的角度考量从开始设计时就要全面考虑产品在整个生命周期中对环境影响的方法，是在节约资源、减少污染的前提下，以延长服装生命周期为目标，从制造源头到尾端废弃的完整思考。例如服装功能的多元化设计，实现一物多用，一件服装使用的时间越长，所能实现的环境保护价值也就越大，通过设计使一件服装拥有不同的穿着方式，适用于不同的穿着场合，由此延长服装的生命周期；服装的模块化设计，是对服装进行功能或组成要素的划分，并对所有的模块进行多种样式、性能的设计，组合成不同的产品。以上基于生命周期考量的方法都体现了实用性与可持续性的结合（图6.4）。

4

双碳目标的达成将成为服装企业未来的竞争力，生态时尚对于企业而言，也不再是传统的口头承诺，并已逐渐形成一系列严格的检验标准以及有专门的认证机构。Higg Index 是美国可持续服装联盟（SAC）开发的在线自我评估工具，用于量度服装、鞋类和纺织行业对环境和社会影响的标准。全球超过 8000 家制造商和 150 个品牌使用 Higg 指数作为可持续发展报告的标准工具；GRS 是全球回收标准（Global Recycled Standard）的简称，目前普遍应用于回收材料再利用所建立的验证标准，认证体系包括：环境保护、可追溯、再生标志、社会责任和一般原则这五大方面的要求；生命周期评价（LCA）是一种评价产品、工艺或服务从原材料采集，到产品生产、运输、使用及最终处置整个生命周期阶段（从摇篮到坟墓）的能源消耗及环境影响的工具，目前已成为科学界定可持续纺织品实现可持续消费与生产的关联与贯通的专业可操作方法。行业、企业、设计师、消费者共同构建一个对生态友好的可持续时尚，将是未来服装产业发展的重要方向（图 6.5）。

图 6.5　Higg Index 和 GRS 用于回收材料评估
图 6.6　优衣库 RE.UNIQLO 衣物新生工坊

（三）服务与共享时尚

社会的发展离不开设计，时尚未来的可持续性设计不仅仅是实物方面的，同时也是生活与服务方式的设计。服务与共享作为"非物质设计"理念与设计策略，通过创新的商业模式与消费模式，既满足需求，又不增加物质消耗的设计，并借助设计，为消费者提供一种全新的服装生活方式，满足人们对服装消费的创造、交流等方面的可持续体验。

在设计层面的服务系统设计，需要服装产品与服务相结合的思维，并从产品、使用、结果三个方面进行思考。以产品为导向：通过为消费者提供能够提升使用性能的附加服务，从而延长时尚产品的生命周期，例如优衣库的 RE.UNIQLO 衣物新生工坊，引入 Upcycle 概念的缝补服务和创意改造服务，既引导了绿色低碳生活，也为服装的使用者带来时尚的参与性体验（图 6.6）；以使用为导向，在不消耗原始资源的前提下，产品与使用通过服务平台被有效整合，例如共享衣橱、服装租赁等服装产品服务方式，以非物质的服务来减轻对物质产品的需求，以共享来替代独自拥有（图6.7）；以结果为导向：通过集成性的综合解决方案，为客户提供定制设计服务。2016年伊顿纪德公司发起"Upcycle"弃物再造项目，以裁损衬衫和生产耗料为原料，由贵州黔东南少数民族妇女利用蓝靛染、蜡染、扎染等非遗手工艺升级改造成文创用品，伊顿纪德再以市场价回购，将销售额的50%返回当地，支付给当地妇女。因为这个项目，更多的贫苦民族村寨的孩子可以留在母亲身边，同时也累计为地球节省了超过10000米的纯棉耗料（图6.8）。

（四）健康时尚

随着时代的发展，在物质生活日益丰富的同时，健康成为人们对生命质量追求的共同目标。健康作为一种积极的消费观与时尚态度，要求产品不仅仅满足审美和功能需求，同时更要有助于人的肌体健康发展，需将"身心"视为一体来看待生命质量作为设计实质要求。

在大健康的时代背景下，当我们重新审视生命与健康，思考传统的消费观与审美观，构筑新的生活价值与愿景的时候，健康的设计更需要从广域的视角设计健康的生活方式与体验，与之相关的产品开发也涉及到与人们生活息息相关的各个细节之处。对于设计师而言，健康设计作为提高人类幸福度而产生的一种创造性设计和解决方案，需要关注健康的使用过程，注重人、物和环境之间的协调关系，无论是色彩、材质和造型都需要传递出健康的理念，对于服装的设计方向也以关注康养、舒适和防护为重点，通过创新设计创造新的社会价值，用更好的产品和服务改善健康，服务于人们的生活。

7（a）

7（b）

7（c）

8

图6.7（a） 服装仓储
图6.7（b） 服装清洁
图6.7（c） 门店
图6.8 伊顿纪德公司与贵州妇女共同改造衬衫

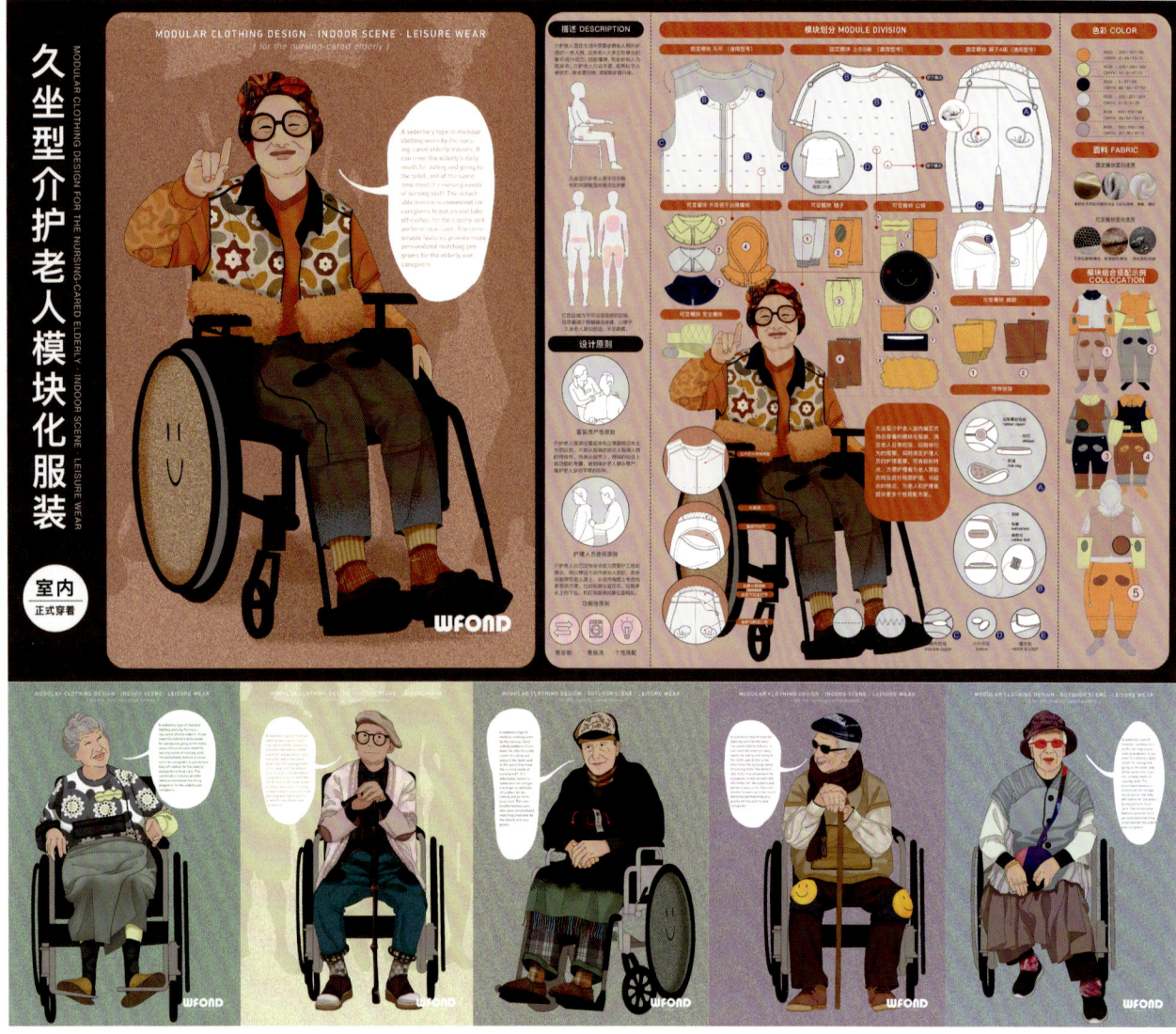

图 6.9 《模块化设计方法在介护老人服装设计中的应用研究》(王启迪)

王启迪的《模块化设计方法在介护老人服装设计中的应用研究》(图6.9),即通过服装来改善老年人生活健康质量的案例。中国人口老龄化和老年人口高龄化的不断加剧,老龄化的健康问题也日益凸显,设计研究以舒适愉悦、功能适度、审美匹配、积极健康等为原则,为高龄老人带来生理、心理、情感与行为相互促进健康发展的服装功能解决方案,在安心的穿着体验中产生身心积极愉悦的共鸣。

(五)文化时尚

随着国潮时尚的普及和深化,东方传统美学再次成为全球时尚的关注点。中华文化源远流长,博大精深的传统文化血脉,不但为设计者提供了自信的依据和创作源泉,更是支撑我们时尚产业面向未来扎根的肥沃的文化土壤。

在当今快节奏的生活中设计装饰越来越"吝啬",设计师用最精炼的语言描述这繁杂的世界,产品设计也趋于简约和几何化,逐渐形成了这样一个概念——"简"即现代style,冰冷的、理性的设计风靡现代设计的各个领域中,而当代设计大一统的气氛笼罩下却有络绎缤纷的精彩细节呈现,那些似曾相识、却又与现代设计组合出新奇视觉审美的传统元素,震撼人心。我们往往会在大时代背景下追寻到一种久远的、温暖的文化内核,这就是传统文化,无论在任何时代下它都散发耀眼的光芒。

服装领域传统手工艺作为传统文化的重要体现,是中国的民族的文化艺术瑰宝,在大文化背景开出缤纷的"花朵",沉淀出璀璨的光芒,其所呈现的文化之美,生活实用之美,深刻体现了"以物传情"的人性情感交流和"以物载道"的精神价值追求,人们通过手工艺品来反映时代的文化、理念及审美。

当代中国也有一些收藏家、学者致力于传统服饰的复原和制作,从工艺上传承先人的智慧,例如,清华大学美术学院王悦教授的丝麻色织夏布礼服作品《绩·续》,立足于对夏布的服用性探索,在坚守核心技艺的同时,对原有夏布织造工艺进行了改良创新,设计出更加柔软亲肤、色彩纹样肌理更加丰富的丝麻色织夏布新样式(图6.10)。另外"那曲""ICICLE"等一些时尚品牌也开始关注并尝试将传统工艺、材料运用在当代服装的设计中,为我们展现了非遗与时尚结合的可行性(图6.11)。

图6.10　丝麻色织夏布服装作品《绩·续》(王悦)
图6.11(a)　蓝染 之禾(ICICLE)2023土壤牛仔系列
图6.11(b)　香云纱染色 之禾(ICICLE)2021春夏自然之道胶囊系列

10

11(a)

11(b)

学习传统手工艺，表面上是技术的传授，实则是对传统文化深层的解读，探究各个传统手工艺生成、发展的由来，就会理解生活习俗与文化的关系，读懂了传统文化就储蓄了未来发展的养分，理解古代匠人的精益求精的精神，理解文化发展过程中所带来的创新，通过与时尚品牌、设计师合作、提供设计服务等形式的深度融合，打开传统工艺与当代设计融合的新视野，让中华文化通过服装创意作品服务于时尚产业未来发展。

（六）数字时尚

在数字经济时代的背景下，数字时尚正成为时尚行业的一个重要分支。这一领域的发展得益于数字化、网络化和智能化技术的进步，它们共同推动了新材料的探索、智能服装的开发、智能营销策略的实施以及智能研发和制造的创新。这些新兴的业态和商业模式正在不断地拓展时尚产品和体验的界限。

数字时尚的兴起是科技革新、消费者需求的演变以及社会文化发展交织作用的产物。它不仅标志着时尚领域的一次重大转型，也反映了在全球化和数字化背景下，人类社会的广泛变化。这一趋势展现了当前科技进步如何深刻地影响和改变着时尚行业的方向和面貌，从而引领着时尚界走向一个更加高科技和互联的未来。

1. 智能服饰

智能服饰是一种将智能技术，如可穿戴设备、传感器和智能纤维等，融入服装产品中的创新趋势。这种服装不仅外观美观，还因技术的整合而具备了额外的功能和互动性。例如，集成 LED 显示屏、传感器或其他智能设备的服装能够追踪健康数据，如集成心率监测器和温度控制系统（图6.12）。新兴的材料和制造技术，比如3D打印，使得复杂和个性化的设计变成可能，而智能织物和纳米技术则推动了功能性时尚产品的创新。

智能服饰的应用非常广泛，包括健康监测功能，如心率和步数的追踪（图6.13），以及环境互动特性，例如衣物能根据温度或光线变化颜色或图案（图6.14）。此外，集成了支付功能或通信技术的智能配件，如手表和首饰，也日益流行。这些创新反映了科技与时尚紧密结合的趋势，为服装行业带来了新的发展方向。

图6.12　索尼Reon Pocket是可穿戴恒温设备，可以降低或升高身体表面温度
图6.13　Lauren Bowker的变色材料服饰产品
图6.14　Hexoskin智能服装，其面料内置心电图传感器，可监测心率、呼吸、日常活动和睡眠模式

12

13

14

2. 数字技术辅助时尚设计

数字时尚设计依赖于各种数字工具和软件，例如 CLO 3D、Adobe Illustrator 以及 AIGC 等，这些工具在设计灵感和创作方面发挥着至关重要的作用。目前流行的 AIGC 工具，如 Midjourney（图 6.15）、DALL-E 和 Stable Diffusion，能够基于丰富的历史和现代时尚数据生成创新性和个性化的设计建议及视觉素材。这些数据包括流行趋势、色彩搭配、图案风格等。通过这些工具，设计师能够迅速获得定制化的设计灵感，有效缩短创作周期，同时保持设计的原创性和创新性。

另外，在个性化定制和生产过程优化方面，数字化虚拟软件 CLO 3D（图 6.16）体现出了其优越性。作为一个 3D 模拟平台，CLO 3D 使设计师能够快速而精准地创建和调整服装设计，并提供逼真的 3D 视觉效果，加快设计的迭代过程以满足客户的个性化需求。目前，CLO 3D 与 AI 技术紧密结合，这种结合在设计和生产过程中提高了材料和资源的使用效率，有助于减少时尚产业的碳足迹和过度生产，推动该行业向更加可持续的方向发展。

3. 数字展示和营销

在数字时尚领域，数字展示和营销代表了革新性的发展方向，它改变了品牌展示产品和与消费者互动的方式。这种转变主要体现在以下几个方面：

首先，时装秀和产品展示正在从传统的实体平台转移到虚拟空间，其中虚拟时装秀和产品展示数量显著增加。品牌正在利用数字时尚在社交媒体和其他数字平台上开展更具创新性和灵活性的营销活动。例如，2022 年 3 月 24 日—27 日，在 Decentraland 平台上举办了首届元宇宙时装周（MVFW）（图 6.17），在这个平台上，设计师和品牌展示了他们的创作，而观众则通过自己的数字化身参与，享受了与现实世界不同的时尚秀体验。

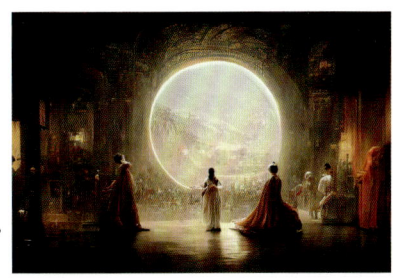
15

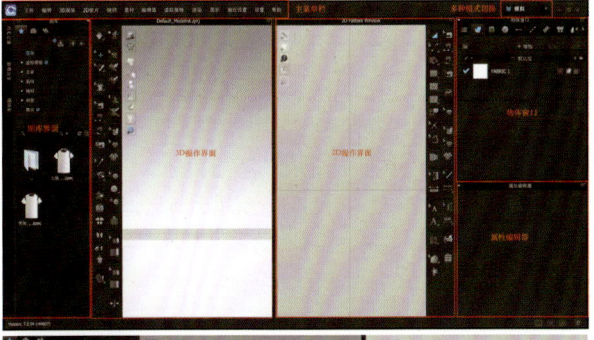
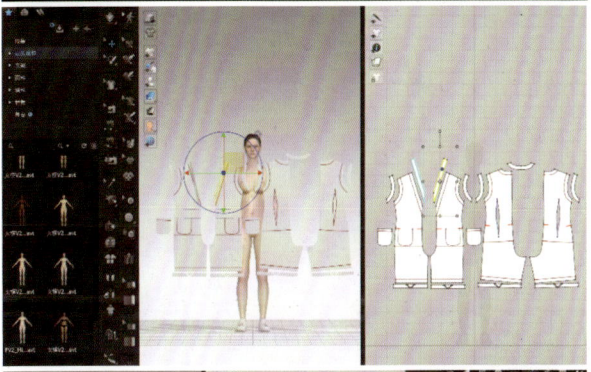
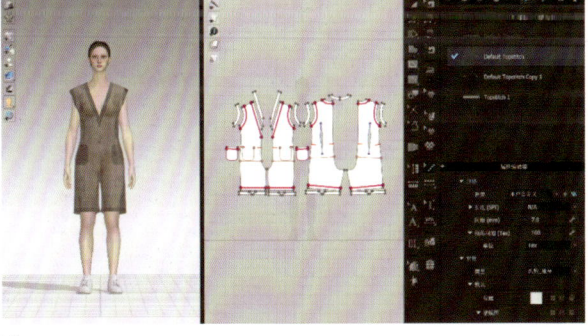
16

图 6.15 Midjourney 是一款 AIGC 图像生成工具，通过用户的文本指令，利用深度学习技术理解和实现复杂视觉风格，将创意构想转换为详细图像。右图为《太空歌剧院》是游戏设计师杰森·艾伦（Jason Allen）通过指令 AIGC 图像生成工具 Midjourney 生成的艺术作品。这件作品在 2022 年科罗拉多州博览会年度美术竞赛中，被评为数字艺术组冠军，是首批获得此类奖项的人工智能生成图像之一

图 6.16 CLO 3D 操作界面

图 6.17 首届元宇宙时装周（MVFW）（原图出自 Dezeen）

17

增强现实（AR）和虚拟现实（VR）技术的应用，为用户提供了更具有互动性和沉浸感的购物体验。例如，AR试衣应用允许用户在自己家中虚拟试穿服装，这种技术不仅提高了购物便利性，还为消费者提供了更个性化的体验。

另外，随着区块链技术的引入，非同质化代币（NFT）为消费者提供了独特的数字收藏品，并为品牌创造了新的收入来源。例如，数字时尚品牌The Fabricant（图6.18）专注于创建完全虚拟的服装，其作品完全在数字领域内设计和展示，可用于虚拟现实或作为数字艺术品收藏。他们创造的一件虚拟服装"Iridescence"（图6.19）以9500美元售出，标志着数字时尚领域的一个重要成就。这些发展不仅推动了时尚界的技术创新，也促进了更可持续的消费模式的形成。

二、时尚从业者

在与时尚相关的领域有各种各样的工作，如服装陈列师、时尚造型师、时装摄影师、时尚买手、首饰设计师、时尚编辑等。对于喜欢这一领域的人来说，这类工作是繁忙而充满乐趣的，尽管每项工作都有其特定的职业要求，但其共同点就是对时尚的深刻理解。

（一）服装陈列师

服装陈列这一职业起源于欧美，服装陈列师兼顾于商业与艺术，在时尚界被喻为"卖场魔术师"。他们的主要任务是在销售终端即面向消费者的营销地点，从产品的色彩、风格出发，结合企业品牌文化以及销售战略等方面的要求，运用独特的艺术手段和陈列技巧，通过对服装产品和背景空间的摆放与布局，以静态语言打动和感染顾客，引起顾客对产品（商品）的兴趣，达到销量最大化和提升企业整体形象与商业价值的目的。服装陈列师在企业中具体的工作内容，包括橱窗的设计及实施、终端店铺的场区规划、制定合理的服装搭配手册，根据当下流行时尚信息来制定展示计划等。作为一名优秀的陈列设计师要适应现代商业节奏的步伐，具备快速调整、灵活多变的技能以及活跃的思维和丰富的创意，把握品牌的经营理念，了解市场和消费群体，系统综合各方面的知识和信息，才能在实践中以独特的陈列设计突出产品的视觉艺术美感。

随着服装品牌竞争的日益激烈，服装陈列已成为现代服装企业在视觉营销过程中极为重要的经营手段之一，服装行业对服装陈列师的需求也日益强烈。意大利著名的时装设计师乔治·阿玛尼早期就在意大利的一个百货公司里从事橱窗陈列工作，他认为阿玛尼的服装就必须在阿玛尼专卖店特定的环境、灯光、陈列方式以及营业员服务的品牌文化氛围下进行销售。因此，大多数品牌的陈列师在工作中都会设计并制作本品牌陈列手册和新一季产品的搭配手册，作为恒定统一的框架对不同终端销

18

19

图6.18 荷兰数字时装公司法布里坎特（The Fabricant）产品（来自品牌官网）
图6.19 作品幻彩（Iridescence）

售地点的陈列进行指导，并根据新品的上市时间、促销活动、季节转换等多种因素，在忠实于服装品牌陈列风格的基础上，进行适当的陈列调整，这样自然也就会提升品牌的整体形象和市场认知度（图6.20、图6.21）。

图6.20 店面陈列——纽约Dover Street Market品牌集合店
图6.21 维果罗夫（Viktor & Rolf）巴黎旗舰店
图6.22 时尚造型师
图6.23 时尚造型师——色彩搭配设计

（二）时尚造型师

随着人们生活水平的提高以及美容、服饰等时尚行业的快速发展，人们对审美要求不断提升，越来越多的人意识到通过提升整体形象来传递个人魅力的重要性。时尚造型师也逐渐成为新兴热门职业，被喻为"塑造美丽的魔术师"。时尚造型师（Fashion Stylist）这一职业诞生于欧美，是从美容、化妆、服装设计等其他职业中衍生出来的，它的主要工作内容是运用各种设计方法，根据顾客实际情况，从化妆、美容、发型、着装、色彩搭配、体态语言表达及礼仪常识或摄影形象等方面进行整体设计，帮助顾客提升个人的内在素养、协调和美化外在形象，为他们设计更加符合自身内在个性的独特造型。除了个人形象的设计外，时尚造型师在服装领域内的工作也非常重要，包括与时尚杂志和摄影师合作，根据平面拍摄的风格理念，确定模特拍摄时所需要的服装、化妆、发型以及拍摄背景和拍照需要的装饰；参与时装

图6.24 时装摄影师帕特里克·德马舍利耶（Patrick Demarchelier）2011年为Dior品牌拍摄的高级时装作品

图6.25 时装摄影师的工作——普罗恩萨·施罗（Proenza Schouler）2024春夏系列后台

秀的工作，与设计师协商、制定时装表演的风格并负责时装秀中模特的造型。时尚造型师是具创造性的工作，作为时尚的职业，它要求设计师在具备丰富的专业知识和娴熟的技能、良好的人际关系和表达能力的同时，还要对时代的潮流有深刻的领悟，以顾客为本，以形象打扮为突破口，将塑造人内外和谐的整体美作为最高目标（图6.22、图6.23）。

（三）时装摄影师

时装摄影师所从事的职业范围包括以时装和相关时尚产品为主题的艺术摄影活动；时装发布会或者展示会上，拍摄模特走台图片的摄影工作；或是有关时代风尚、社会生活、行为方式等当前流行文化趋向的新闻摄影报道等。在现代工业社会的商业氛围下，时装摄影既是一种艺术创作形式，同时也承载了视觉营销的商业功能。各类时装刊物和品牌服装广告，其主要构成部分都有赖于时尚摄影师的摄影创作，通过摄影中具体人物和产品所构成的视觉形象与消费者进行沟通，将时尚的信息传播给大众。因此，作为时尚摄影师要有独到的审美见解，通过摄影、灯光、布景、造型等的综合把握，赋予时尚产品情感与想象，使消费者在看过画面形象后，产生一种仿效的冲动，从而推动时装的销售（图6.24、图6.25）。

（四）时尚买手

时尚买手（Fashion Buyer）在欧洲有着悠久的历史，被称为"时尚猎人"。按照国际上通行的说法，买手是指往返于世界各地，时刻关注最新流行信息，手中掌握大量订单，不停地与供应商联系，组织商品进入市场，满足消费者不同需求的人。作为买手必须站在时尚潮流最前端，能够凭借敏锐的眼光把握流行趋势，品位高雅，了解行业规范，具备丰富的货品鉴别经验，同时兼顾感性与理性两方面的平衡，在适当时机敏锐出手，以低廉的价格为企业买到最适合销售的商品，加价后赚取利润。以上所说的商品概念不仅包括所购买的款式、花色，还包括合理的数量和尺码分配、版型等。买手作为连接产品、销售商和顾客之间的桥梁，主要服务于自营品牌商（品牌买手）、独立零售商（零售买手）以及商场和超市（商超买手）。品牌买手是专为一个品牌服务，针对相对固定消费群进行商品采购，既要卖货又要保持品牌的精神，品牌买手在产品营销系统中实际担当了产品研发的职能，时尚买手，更多的就是指品牌买手。像 Zara、IT 等都是国际买手店，Zara 拥有近 400 名买手型设计师，以保证 Zara 的产品能够紧跟时尚潮流；而零售商买手和商超买手则负责组织服装货源或购买不同品牌的货品，多由经验丰富的经营管理与销售人员担当，不存在产品研发设计的任务，其工作主要围绕零售展开（图 6.26）。

（五）首饰设计师

首饰设计师的工作是根据市场和消费者需求针对首饰产品的选料，外观造型和制作工艺等进行综合设计。首饰与服装同属人体装饰的应用艺术范畴，因此，服装设计的发展在一定程度上揭示了首饰设计的发展趋势。随着中西方文化的交融，消费者审美需求的不断提升，现代的消费者不再把高昂的价格与设计的精巧作为选择首饰的首要因素，而更看重首饰时尚而个性化的装饰价值，把首饰作为除服装以外，张扬个性、体现自我的新途径。首饰设计师也与服装设计师一样成为首饰产品定位、产品研发以及引导产品生产的关键。在首饰设计发展比较成熟的欧洲，首饰设计在整个时尚产业中处于核心地位，无论是迪奥首席珠宝设计师维克多·卡斯特兰（Victoirede Castellane），还是被称为珠宝界毕加索的蒂梵尼（Tiffany & Co）品牌设计师帕洛玛·毕加索（Paloma

图 6.26 1940 年，在纽约专门为时装买手举办的一场时装表演
图 6.27 迪奥（Dior）的首席珠宝设计师维克多·卡斯特兰（Victoirede Castellane）女士
图 6.28 蒂梵尼（Tiffany&Co）品牌的珠宝设计师帕洛玛·毕加索（Paloma Picasso）

29　　　　　　　　　　　　　　　　　　　30

Picasso），或是梵克雅宝（Van Cleef & Arpels）的亚裔新锐珠宝设计师 Chia-Chun Chang，他们都拥有自我独立的风格，其设计作品更是赢得了市场的青睐。可见，首饰设计作为时尚界的重要产业，首饰设计师这一职业极具发展潜力。面对消费者的新需求，未来首饰会有更宽广的设计主题，灵活的表达形式和丰富的首饰用材料，首饰设计师的设计思想应站在流行时尚的前列，通晓各种材料与工艺技术，并同时考虑顾客佩戴的可能性和舒适度，以感性的想象力和创意设计，将首饰特有的原料特征、佩戴者的气质，通过设计师的创造完美地显现出来（图6.27、图6.28）。

（六）时尚编辑

　　时尚媒体是整个时尚产业中独具影响力的一个环节，无论是各种流行刊物还是网络、电视的时尚栏目都会在第一时刻刊登和报道各种最新的时装咨讯和时尚信息，流行通过这些时尚传媒被大众所捕捉、传阅、评说、模仿和创造……时尚编辑就是为这些传媒工作的，包括参与各种栏目和专题的策划。把握国际国内最新的时尚潮流，选择搭配各类风格的服装服饰，与模特、造型师、摄影师的沟通以及走访名牌时装发布会等等。由于职业需要，他们要时刻走在时代的新锐前沿，为大众收集和传播潮流信息的同时，还要对时尚作出权威性的评判。这就要求时尚编辑必须具有一定的传播学知识和新闻职业素养，并且深刻了解时尚内涵和品牌风格、具备敏锐的流行触角，能够剖析设计特色和对时尚发表深刻而独到见解的综合能力，才能够适应这个对时尚变化最为敏感也最为权威的职业（图6.29、图6.30）。

图6.29　Vogue法国版现任主编伊曼纽尔·奥特（Emmanuelle Alt）女士（左）与前任主编卡琳·洛菲德（Carine Roitfeld）女士（右）与卡尔·拉格菲尔德（Karl Lagerfeld）先生

图6.30　美国版Vogue杂志主编安娜·温图尔（Anna Wintour）女士和创意总监格蕾丝·柯丁顿（Grace Coddington）女士

31　　　　　　　　　　　　　　　32

图 6.31　意大利时尚 KOL 琪亚拉·法拉格尼（Chiara Ferragni）

图 6.32　英国时尚 KOL 艾里珊·钟（Alexa Chung）

（七）时尚博主与时尚 KOL

时尚博主（Fashion Blogger）是通过互联网平台（如博客、社交媒体等）分享时尚相关内容、个人穿搭、购物经验、时尚见解和生活方式的个人或团队。这些博主通常以其独特的时尚品味、个人风格和对时尚趋势的敏感度而受到粉丝关注。时尚博主通过吸引大量关注和粉丝，建立了自己在时尚领域的品牌形象。

时尚博主的分享内容通常包括穿搭推荐、搭配技巧、购物心得、时尚活动参与、时尚事件评论等。她们通过发布图片、视频、文字等形式的内容，与粉丝分享自己的时尚心得，同时也可以合作推广品牌、产品，成为时尚产业中的重要意见领袖，即时尚 KOL。"KOL"即"Key Opinion Leader"的缩写，中文翻译为"关键意见领袖"，是指在特定领域或行业具有影响力和意见领导地位的人物。时尚博主的意见和建议可能会直接或间接地影响粉丝的时尚选择和购物决策，因此，时尚品牌经常会选择与时尚博主合作，以提高品牌曝光度和影响力，在竞争激烈的时尚市场中脱颖而出。

比较而言，时尚博主更注重在个人平台上建立个人品牌，而时尚 KOL 更注重在特定领域内个人成为重要的意见领袖，强调其在行业中的专业性和权威性。两者之间的界限存在重叠，因为个体可能同时具备时尚博主和时尚 KOL 的特征（图 6.31、图 6.32）。

附 录

一、相关的服装网站

（一）国际时装周网址

米兰时装周 www.cameramoda.it
巴黎时装周 https://paris-fashion-week.com
纽约时装周 https://nyfw.com
澳大利亚时装周 https://australianfashionweek.com
英国时装协会 https://www.britishfashioncouncil.co.uk
美国时装设计协会 www.cfda.com

（二）相关的时尚网站

1. Elle
https://www.elle.com
2. Firstview Fashion Publication
http://www.firstview.com
3. Vogue
https://www.vogue.com
4. WGSN
http://www.wgsn.com
5. Fashion Wire Daily
https://www.fashionwiredaily.com
6. Wmagazine
http://www.wmagazine.com
7. Wallpaper
http://www.wallpaper.com
8. SHOWSTUDIO.COM
http://showstudio.com
9. The Outnet
https://www.theoutnet.com
10. THECORNER.COM
http://www.thecorner.com.cn
11. NET-A-PORTER
http://www.net-a-porter.com
12. Fashion Capital
http://www.fashioncapital.co.uk
13. Fashion United
https://fashionunited.uk

（三）趋势预测网址

www.carlin-international.com
www.fashioninformation.com
www.kjaer-global.com
www.promostyl.com
www.stylesignal.com
www.thefuturelaboratory.com
www.trendstop.com

二、服装术语

1. 抽象（Abstract）：指非具象或非现实的概念和观点。
2. 工作室（Atelier）：法语词汇，艺术家或设计师的工作场所。
3. 先锋派（Avant-garde）：一种超前于当下时代的流行风潮或观念。
4. 底价（Baseline）：指生产商在提供产品时所能承受的最低限度的商品价格或是成本支出。
5. 服装定制（Bespoke）：根据客户的私人尺寸所制作的特定服装，在男装中尤其常见。
6. 原型（Basic Pattern Block）：指一套"个人的"或者"标准的"服装基础版型，通过在此基础上增减省量进行服装设计，是设计展开的依据。
7. 头脑风暴（Brainstorming）：在设计师之间展开的一种开放式的讨论，目的是通过互动带来新的思想和观念。
8. 品牌（Brand）：专属于一种产品的名字或商标，为的是体现这种产品的质量、价值或是某种特殊的内在表征。
9. 斜裁（Bias Cut）：沿着与垂直布边成45°角的方向裁剪面料，使裁出的布料具有流动感和伸缩感。
10. 买手（Buyer）：指专门负责规划、购买和销售产品的人。
11. CAD/CAM：计算机辅助设计和计算机辅助生产。
12. 概念艺术（Concept Art）：一种以引人深思的想法和观念为基础的视觉艺术，在服装设计中被称为概念服装。
13. 经典（Classic）：这一词汇所形容的是一种能够持续保持流行的风格或款式。
14. 产品系列（Collection）：指一组在特征上彼此呼应或是专门为季节而设计制作的时装系列。"The Collections"在口语上就指巴黎时装发布会。
15. 消费者（Consumer）：产品的最终使用用户和购买者。
16. 成本（Costing）：由材料、配件、人工和运输成本所决定的服装基本价格。
17. 解构（Deconstruction）：这种风格的服装一般具有粗糙的外表和未完成感，一些服装结构细节也常常被暴露在服装表面。
18. 电子商务（E-commerce）：经由互联网所进行的贸易，通常会通过网页上的电子订单进行交易。
19. 款式图（Flats）：按照生产纸样绘

制的服装平面结构图，能够详细地展示服装正面和背面的外观、款式细节、工艺细节、尺寸等。

20. 趋势预测（Forecasting）：对即将到来的时尚潮流和趋势进行预测。

21. 自由设计师（Freelance Designer）：不受他人雇佣的时装设计师，能够为多家公司工作。

22. 高街时尚（High Street Fashion）：英语词汇，通常指在连锁店里出售的成衣，主要面向大众市场。

23. 整合（Line Up）：通过编辑加工，以平面或立体的方式将时装系列的精华展示出来。

24. 主题板（Mood Board）：用来阐述完整设计概念的展示板，通过它，人们可以对设计师的设计系列一目了然。

25. 作品集（Portfolio）：设计师通过作品集的作品来展示和介绍自己，并反映出自己的审美观。

26. 样衣（Sample）：是服装设计制作的第一阶段，通常用白色棉布或是品质较差的面料制成。

27. 小样（Swatch）：用小块面料作为面料色彩、纹理和质地的参考样品。

28. 经线/纬线（Warp/Weft）：经线在织物中形成了长度上的纹理；而纬线在纺梭的牵引下与经线形成了90°夹角，从而形成了织物的幅宽。

参考文献

1. 刘元风. 服装设计学 [M]. 北京：高等教育出版社，1997.
2. 李当岐. 服装学概论 [M]. 北京：高等教育出版社，1997.
3. 刘晓刚，崔玉梅. 基础服装设计 [M]. 上海：东华大学出版社，2003.
4. 理查德·索格，杰尼·阿黛尔. 时装设计元素 [M]. 袁燕，刘驰，译. 北京：中国纺织出版社，2008.
5. 王悦. 时装画技法 [M]. 上海：东华大学出版社，2010.
6. 王悦. 服装设计 [M]. 石家庄：河北美术出版社，2001.
7. WeAr Global Magazine[M]Basel: Mode Information,03-09
8. John Gillow,Bryan Sentence.World Textiles[M].London:Thames&Hudson Ltd,1999.
9. Peter Feierabend,Konemann GmbH.Fashion—the Century of the Designer 1900-1999[M].Germany.2000.
10. Cally Blackman.100 Years of Fashion lllustration[M].London:Laurence King Publishing Ltd,2007.
11. Terry Jones, Avril Mair.Fashion Now Klotz[M].Köln:Taschen GmbH,2005.
12. Delicatessen.FASHIONIZE—The Art of Fashion llustration[M]London: Happy Books,2004.
13. Florence Muller.Fashion Game Book-A World History of 20th Century Fashion[M].New York:Assouline Publishing,2008.